U0155815

含章
新实用

美食菜谱 / 中医理疗

阅读图文之美 / 优享健康生活

养生豆浆
在家做

尚云青 于雅婷 主编

江苏凤凰科学技术出版社

图书在版编目（CIP）数据

养生豆浆在家做 / 尚云青，于雅婷主编 . -- 南京：江苏凤凰科学技术出版社，2020.5

ISBN 978-7-5537-2797-4

Ⅰ . ①养… Ⅱ . ①尚… ②于… Ⅲ . ①豆制食品 – 饮料 – 制作②豆制食品 – 菜谱 Ⅳ . ① TS214.2 ② TS972.123

中国版本图书馆 CIP 数据核字 (2019) 第 186035 号

养生豆浆在家做

主　　编	尚云青　于雅婷
责任编辑	祝　萍
责任校对	杜秋宁
责任监制	方　晨
出版发行	江苏凤凰科学技术出版社
出版社地址	南京市湖南路 1 号 A 楼，邮编：210009
出版社网址	http://www.pspress.cn
印　　刷	北京博海升彩色印刷有限公司
开　　本	718 mm × 1 000 mm　1/16
印　　张	13.5
插　　页	1
字　　数	202 000
版　　次	2020年5月第1版
印　　次	2020年5月第1次印刷
标准书号	ISBN 978-7-5537-2797-4
定　　价	45.00元

图书如有印装质量问题，可随时向我社出版科调换。

Preface | 序言

豆奶、豆浆、豆腐等豆制品具有多种对人体健康非常有益的保健因子，对高血压、高脂血症、糖尿病、冠心病等“现代文明病”有比较明显的食疗功效。

有一句俗语说：“可以一日无肉，不可一日无豆。”大豆含有丰富的植物蛋白、卵磷脂、维生素、烟酸、铁、钙、钾等营养物质，享有“绿色牛乳”“田中之肉”的美誉。我国第一部医学经典著作《黄帝内经》中的《素问·藏气法时论》指出：“五谷为养，五果为助，五畜为益，五菜为充。气味合而服之，以补精气。”这里的“五谷”，就包括大豆。《食物本草会纂》中说，大豆“宽中下气，利大肠，消水肿毒”。豆制品的保健功效古书上也有提到。《延年秘录》上记载，豆浆“长肌肤，益颜色，填骨髓，加气力，补虚能食”。《三元参赞延寿书》上记载，“久痢，白豆腐醋煎食之即愈”。《神农本草经》上说，豆芽“味甘平，主湿痹筋挛膝痛”。这些论述都与现代营养学的研究不谋而合。

豆类制品适合四季食用。一般而言，春季万物萌生，多吃大豆、豆豉、豆腐可以助阳升散；夏季阳盛，应少食辛甘燥烈的食品，以免伤阴，宜多食绿豆、豆浆、豆奶等甘酸清润的食物，以清热、祛暑、生津；秋季气候干燥，宜吃豆腐等豆制品，可以滋阴润燥；冬季寒冷，吃豆类制品或喝豆类饮品可以滋养进补。除了采用黄豆烹调传统的豆类美食，以红枣、枸杞、黑豆、百合、豆芽、豆皮、腐竹等为原料，还可以做出很多营养不同、口味各异的豆类饮品和豆类菜，满足不用人群的需要。

不同的食材有不同的属性，人的体质也有差别，所以豆奶、豆浆和豆腐制品也有着不同的食用禁忌和食疗功效。只有选对了食物，才能汲取对身体有益的营养成分。否则，不但起不到应有的保健功效，还可能对健康造成不利影响。为满足读者的不同口味，并帮助读者选对适合自己的豆类食品，我们编写了《养生豆浆在家做》一书，介绍了数百道不同口味、不同功效的豆类饮品和菜品，并标注了适宜饮用的人群，让美味菜肴中的营养被人体充分吸收，从而使人真正享受食补养生的乐趣。

本书介绍了绿豆、红豆、黄豆、青豆等豆类的营养成分、养生功效、选购保存、搭配宜忌；近百道营养丰富、好喝易做的养生豆奶；以及养生豆浆的制作方法，包括经典家常的原味豆浆、五谷豆浆、蔬果豆浆、花草豆浆，具有健脾和胃、护心祛火等不同功效的保健豆浆，养颜、护发、抗衰的美容豆浆，以及适合孕妇、幼儿、老年人等不同人群的豆浆，不同季节适宜饮用的豆浆。还有豆腐、豆豉、豆干、豆芽等豆类制品的品种介绍、保健功效、食用宜忌等，以及近30道豆类佳肴的制作方法。

书中的每一款美食都有详细的步骤解析，并配有精美的图片，直观方便、易于操作，可指导你轻松做出美味的营养餐，是守护全家人健康的必备美食书。

Contents | 目录

01

豆类养生堂

02

全家人都爱喝的养生豆奶

03

豆浆这样做最养生

花草豆浆

保健豆浆

食疗豆浆

四季养生豆浆

不同人群宜喝的豆浆

04 美味豆类家常菜

豆类养生堂

豆类的品种很多，主要有黄豆、蚕豆、绿豆、豌豆、红豆等。根据豆类的营养成分和含量可将它们分为两大类：一类是以黄豆为代表的高蛋白质、高脂肪豆类；另一类则是以绿豆、红豆为代表的碳水化合物含量高的豆类等。

绿豆

绿豆为蝶形花科植物绿豆的种子，又叫青小豆、青豆子，是我国的传统豆类食物。绿豆不但具有良好的食用价值，还具有非常好的药用价值，有“济世之良谷”的美誉。

营养点评

绿豆含蛋白质、糖类、膳食纤维、钙、铁、维生素B_1和维生素B_2等营养素，具有清热消暑、利尿消肿、润喉止咳、明目降压之功效。医学上也证明绿豆的确可以清心安神、治虚烦、润喉止痛，改善失眠多梦及精神恍惚等症状，还能有效清除血管壁中胆固醇和脂肪的堆积，防止心血管病变。

养生功效

清热解暑：绿豆性凉味甘，有清热解毒之功。夏天在高温环境工作的人出汗多，水分损失很大，体内的电解质平衡易遭到破坏，用绿豆煮汤来补充水分是最理想的方法。绿豆汤不仅清暑益气、止渴利尿，还能及时补充无机盐，对维持水液电解质平衡有着重要作用。

解毒保健：绿豆还有解毒作用。如遇有机磷农药中毒、铅中毒、酒精中毒（醉酒）或吃错药等情况，在将患者送医院抢救前都可以先给患者灌下一碗绿豆汤进行紧急处理。经常在有毒环境下工作或接触有毒物质的人，应经常食用绿豆来解毒保健。经常食用绿豆还可以补充营养、增强体力。

选购与保存

选购

观色泽：优质绿豆的外皮呈蜡质，颗粒饱满均匀，无虫，不含杂质；劣质绿豆的色泽黯淡，饱满度差，有虫、有杂质。

闻气味：抓一把绿豆，向绿豆哈一口热气，然后立即嗅气味：优质绿豆有清香味；劣质绿豆微有异味或有霉变味等不正常的气味。

保存

买回来的绿豆放进冰箱冷冻1周后再拿出来，就不会生虫了。夏天吃不完的绿豆可以存放在塑料壶或者塑料瓶里，再放到冰箱里，这样能保存到来年的夏天。

搭配宜忌

绿豆的黄金搭配

绿豆+燕麦 可抑制血糖增高。

绿豆+南瓜 清肺、降糖。

绿豆+大米 有利消化吸收。

绿豆+百合 解渴润燥。

绿豆+蒲公英 清热解毒、利尿消肿。

绿豆的不宜搭配

绿豆+狗肉 导致腹胀、消化不良。

绿豆+西红柿 引起身体不适。

绿豆+榛子 导致腹泻。

绿豆+羊肉 导致肠胃胀气。

红 豆

红豆也叫赤小豆、红小豆、米赤豆、赤豆、红饭豆、朱赤豆，是豆科草本植物赤小豆或赤豆的种子。野生红豆分布于我国广东、广西、江西及上海郊区等地，其他各地广泛栽培。夏、秋季采摘成熟的荚果，晒干，除去荚壳、杂质，收集种子备用。

营养点评

红豆含有多种无机盐和微量元素，如钾、钙、镁、铁、铜、锰、锌等。它还含有较多的皂角甙，可刺激肠道，因此有良好的利尿作用，能解酒、解毒。此外，因红豆富含铁质，所以适量摄取红豆有补血、促进血液循环、改善体力、增强抵抗力的作用。同时，红豆还有补充经期营养、缓解痛经的作用。

养生功效

补血养颜： 红豆富含铁质，常食能让人气色红润，还有补血、促进血液循环、增强体力、增强抵抗力的作用。

降低血压： 红豆含有丰富的膳食纤维，具有良好的润肠通便、降血压的功效。

保肝护肾： 红豆中的皂角苷可刺激肠道，有良好的利尿作用，能解酒、解毒，对心脏病和肾病、水肿患者均有益。

选购与保存

选购： 以形状呈圆柱形而略扁，表面呈紫红色或暗红棕色，平滑，稍具光泽或无光泽，颗粒饱满者为佳。另有一种红黑豆，是广东产的相思子，特点是半粒红、半粒黑，购买红豆时应注意鉴别，切勿误买红黑豆。

保存： 储存干红豆是非常讲究的。将剪碎的干辣椒和红豆放在一起密封起来，置于干燥，通风处。此方法可以起到防潮、防霉、防虫的作用，能使红豆保持1年不坏。

搭配宜忌

红豆的黄金搭配

红豆+桑白皮 健脾利湿、利尿消肿。

红豆+白茅根 增强利尿。

红豆+粳米 益脾胃、通乳汁。

红豆+南瓜 润肤、止咳、减肥。

红豆+鸡肉 补肾滋阴、活血利尿。

红豆+鲫鱼 通乳催奶。

红豆+燕麦、薏米 均衡营养。

红豆+醋+米酒 散血消肿、止血。

红豆+鲢鱼 祛除脾胃寒气。

红豆+鲤鱼 利水消肿。

红豆的不宜搭配

红豆+羊肝 引起身体不适。

红豆+羊肚 易致水肿、腹痛、腹泻。

黄豆

黄豆为荚豆科植物大豆的种子，又叫大豆、黄大豆，是所有豆类中营养价值最高的。在数百种天然食物中，黄豆是最受营养学家推崇的，故黄豆有“田中之肉”“植物蛋白之王”等美誉。

营养点评

黄豆富含蛋白质、钙、锌、铁、磷、糖类、膳食纤维、卵磷脂、异黄酮素、维生素B_1和维生素E等营养素。现代医学研究证明，黄豆有诸多保健功能。黄豆含丰富的铁，这种铁易被身体吸收，可防治缺铁性贫血，对婴幼儿及孕妇尤为重要；黄豆中也含有丰富的锌，锌具有促进生长发育、防治不育症等作用；黄豆所含的维生素B_1可促进婴儿脑部的发育，防治肌痉挛；黄豆中的大豆蛋白质和豆甾醇能明显地降低血脂和胆固醇，从而降低患心血管疾病的概率；黄豆脂肪富含不饱和脂肪酸和大豆磷脂，有保持血管弹性、健脑和防止脂肪肝形成的作用。常食黄豆制品不仅可预防肠癌、胃癌，还可预防老年斑、老年夜盲症，增强老人记忆力，所以说黄豆是延年益寿的最佳食品。

养生功效

增强免疫力：黄豆含植物性蛋白质，有“植物肉”的美称。人体如果缺少蛋白质，会出现免疫力下降、容易疲劳等症状，常吃黄豆能补充蛋白质、增强免疫力。

提神健脑：黄豆富含大豆卵磷脂，大豆卵磷脂是大脑的重要组成成分之一，所以常吃黄豆有助于预防阿尔茨海默病。大豆卵磷脂中的甾醇可增强神经系统的活力。

强健人体器官：黄豆中的大豆卵磷脂既能促进脂溶性维生素的吸收，强健人体各组织器官；也可以降低胆固醇，改善脂质代谢，辅助治疗冠状动脉硬化。

提高精力：黄豆中的蛋白质可以增强大脑皮质的兴奋和抑制功能，提高学习和工作效率，还有助于缓解沮丧、抑郁的情绪。

美白护肤：黄豆富含大豆异黄酮，这种植物雌激素能延缓皮肤衰老、缓解更年期综合征症状。黄豆中含有的亚油酸可以有效阻止皮肤细胞中黑色素的合成。

预防癌症：黄豆含有蛋白酶抑制素。研究发现，蛋白酶抑制素可以抑制多种癌细胞的生成，对乳腺癌的抑制效果最为明显。

抗氧化：黄豆中的大豆皂苷能清除体内的自由基，具有抗氧化的作用。大豆皂苷还能抑制肿瘤细胞的生长，增强人体免疫功能。

降低血脂：黄豆中的植物固醇有降低血液中胆固醇含量的作用，在肠道内与“坏

胆固醇”竞争，减少人体对“坏胆固醇”的吸收。植物固醇在降低高脂血症患者血液中“坏胆固醇”含量的同时，不影响人体对“好胆固醇”的吸收，有很好的降脂效果。

预防耳聋：补充铁质可以扩张微血管、软化红细胞，保证耳部的血液供应，有效防止听力减退。黄豆中铁和锌的含量较其他食物更为丰富，所以对预防老年人耳聋有很好的作用。

辅助降压：研究发现，高血压患者在饮食中摄入的钠过多、钾过少。摄入高钾食物，可以促使体内过多的钠盐排出，有辅助降压的效果。黄豆含有丰富的钾元素，每100克黄豆含钾量高达1503毫克，高血压患者常吃黄豆，对及时补充体内的钾元素很有帮助。

选购与保存

选购

观色泽：好的黄豆色泽黄得自然、鲜艳；劣质黄豆色泽暗淡、无光泽。

看质地：颗粒饱满且整齐均匀，无破瓣、无虫害、无霉变的为好黄豆；颗粒瘦瘪、不完整，有虫蛀、霉变的为劣质黄豆。

看水分：牙咬豆粒，发音清脆成碎粒，说明黄豆干燥；发音不脆则说明黄豆潮湿。

闻香味：优质黄豆具有正常的豆香气和口味，劣质黄豆有酸味或霉味。

保存

晒干，用塑料袋装起来，放阴凉干燥处保存即可。

搭配宜忌

黄豆的黄金搭配

黄豆+香菜 健脾宽中、祛风解毒。

黄豆+牛蹄 预防颈椎病、美容。

黄豆+胡萝卜 有助骨骼发育。

黄豆+白菜 防治乳腺癌。

黄豆+花生 丰胸补乳。

黄豆+红枣 补血、降血脂。

黄豆+茄子 润燥消肿。

黄豆+茼蒿 缓解更年期综合征症状。

黄豆的不宜搭配

黄豆+虾皮 影响钙的消化吸收。

黄豆+核桃 导致腹胀、消化不良。

黄豆+猪肉 影响猪肉的营养吸收。

黄豆+菠菜 不利于营养的吸收。

黄豆+酸奶、芹菜 影响钙的消化吸收。

黑 豆

黑豆为豆科植物大豆的黑色种子，又名乌豆，性平味甘。黑豆具有高蛋白、低热量的特性。

营养点评

黑豆营养丰富，含有蛋白质、脂肪酸、维生素、微量元素等多种营养成分，还含有多种生物活性物质，如黑豆色素、黑豆多糖和异黄酮等。

蛋白质：黑豆具有高蛋白、低热量的特性，蛋白质含量高达45%以上，其中优质蛋白大约比黄豆高出1/4，居各种豆类之首，因此也赢得了“豆中之王”的美誉。与蛋白质含量丰富的肉类相比，黑豆的蛋白质含量不但毫不逊色，反而更胜一筹，其蛋白质含量相当于肉类（如猪肉、鸡肉）的2倍、鸡蛋的3倍、牛奶的12倍，因此又被誉为“植物蛋白肉”。

脂肪酸：研究发现，每100克黑豆中含粗脂肪高达12克。检测发现，其中含有至少19种脂肪酸，而且不饱和脂肪酸含量高达80%，其中亚油酸含量就占了55.08%。

灰分：人体需要的各种无机盐均来自食品的灰分，因此，灰分含量的多少可以从一个方面反映食品营养价值的高低。黑豆中灰分含量为4.47%，远远高于其他豆类。

维生素：黑豆富含多种维生素，尤其是维生素E，每100克黑豆中维生素E含量达17.36微克。

异黄酮：异黄酮是黄酮类化合物的一种，主要存在于豆科植物中，所以又经常被称为“大豆异黄酮”。由于异黄酮是从植物中提取的，与女性雌激素结构相似，所以异黄酮又有“植物雌激素”之称。黑豆的异黄酮含量比黄豆还要高。

皂苷：皂苷是一种存在于植物细胞内，结构复杂的化合物，同时也是一种具有重要药用价值的植物活性成分。黑豆皂苷对DNA具有保护作用。

多糖类物质：黑豆多糖是清除人体自由基的功臣之一。研究发现，黑豆多糖属于非还原性、非淀粉性多糖，具有显著的清除人体自由基的作用，尤其是对超氧阴离子自由基的清除作用非常强大。此外，黑豆中的多糖成分还可以促进骨髓组织的生长、刺激造血功能的再生。

黑豆色素：黑豆色素是黑豆重要的生物活性物质之一，具有很强的抗氧化作用。

养生功效

降低胆固醇：黑豆的油脂成分占19%，除了能满足人体对脂肪的需求外，还能降低血液中的胆固醇含量。高胆固醇是很多老年性疾病的罪魁祸首，而黑豆不含胆固醇，只含一种植物固醇，这种植物固醇具有抑制人体吸收胆固醇、降低血液中胆固醇含量的作用。

保肝护肾：豆乃肾之谷，黑色属水，水走肾，所以多食黑豆可保肝护肾。

提神健脑：黑豆中约有2%的成分是卵磷脂，卵磷脂能健脑益智，防止大脑因老化而迟钝。每100克黑豆中含钙370毫克、磷577毫克、铁12毫克，其他如锌、铜、镁、钼、硒、氟等的含量也都不低。这些营养元素能满足大脑的需求，延缓大脑衰老；还能降低血液的黏稠度，保证人体各个功能的正常运作。

美容养颜：黑豆含有丰富的维生素，维生素E和B族维生素的含量较高，维生素E的含量比肉类高5～7倍。维生素E是延缓衰老的最佳营养素。

润肠排毒：黑豆中粗纤维的含量达4%，超过黄豆。粗纤维素具有良好的通便作用，每天吃点黑豆，就可以有效预防便秘。

选购与保存

选购：选购黑豆时，以豆粒完整、大小均匀、颜色乌黑者为好。由于黑豆表面有天然的蜡质，会随存放时间的延长而逐渐脱落，所以，表面有研磨般光泽的黑豆不要选购。黑豆去皮后分黄仁和绿仁两种，黄仁的是小黑豆，绿仁的是大黑豆。里面是白仁的并不是真正的黑豆，而是黑芸豆，一定要注意区分。

保存：黑豆宜存放在密封罐中，置于阴凉处保存，不要让阳光直射。还需注意的是，因豆类容易生虫，购回后最好尽早食用。

搭配宜忌

黑豆的黄金搭配

黑豆+牛奶 有利于维生素B_{12}的吸收。
黑豆+橙子 营养丰富。

黑豆的不宜搭配

黑豆+蓖麻子 降低营养价值。

青 豆

青豆是籽粒饱满、尚未老熟的黄豆。青豆皮为绿色，形状浑圆，咸淡之间又略有清甜味，清闲嚼食或佐酒品茶，滋味隽永、满口清香。

营养点评

青豆富含B族维生素、铜、锌、镁、钾、膳食纤维、杂多糖类。青豆不含胆固醇，可预防心血管疾病，降低癌症发生的概率。每天吃两盘青豆，可降低血液中的胆固醇。青豆还富含不饱和脂肪酸和大豆磷脂，有保持血管弹性、健脑和防止脂肪肝形成的作用。

青豆含有丰富的蛋白质、叶酸、膳食纤维和人体必需的多种氨基酸，能补肝养胃、滋补强壮、长筋骨、悦颜面、乌发明目、延年益寿。

养生功效

降低胆固醇：青豆中不饱和脂肪酸的含量高，不饱和脂肪酸可以改善脂肪代谢，降低人体中甘油三酯和胆固醇含量。

降低血脂：青豆中含有能清除血管壁上堆积的脂肪的化合物，起到降血脂和降低血液中胆固醇含量的作用。

补充铁质：青豆富含易于人体吸收的铁，故可将青豆作为儿童补充铁的食物之一。

瘦身排毒：青豆营养丰富均衡，含有对人体有益的活性成分，经常食用，对女性保持苗条身材有很好的作用，对肥胖、高脂血症等疾病有预防和辅助治疗的作用。

选购与保存

选购：最好挑选商贩现剥的青豆；购买青豆后，可以用清水浸泡一下，真正的青豆浸泡后不会掉色。

保存：把青豆用开水烫一下，然后用冷水冲凉，再放进冷冻室，放半年都不会坏。

搭配宜忌

青豆的黄金搭配

青豆+丝瓜 增强抵抗力。
青豆+花生 健脑益智。
青豆+平菇 预防感冒。
青豆+鸡腿菇 降血糖、降血脂。
青豆+香菇 益气补虚、增强免疫力。

青豆的不宜搭配

青豆+牛肝 降低营养价值。
青豆+羊肝 二者失去原有的营养功效。

豌豆

豌豆又称雪豆、寒豆。因豌豆圆润鲜绿，十分好看，常用来配菜，以增加菜肴的色彩，促进食欲。

营养点评

豌豆可以有效缓解脚气、糖尿病、产后乳汁不足等病症。豌豆不仅蛋白质含量丰富，而且包括了人体所必需的多种氨基酸，能抗维生素C缺乏病，还能阻断人体中亚硝胺的合成，阻断外来致癌物的活化，解除外来致癌物的致癌毒性，提高免疫功能；嫩豌豆中还含有能分解亚硝胺的酶，因此具有较好的防癌、抗癌作用。豌豆中所含的维生素C还具有美容养颜的功效。豌豆中还含有植物性雌激素，可以缓解更年期妇女的不适症状。

中医认为，豌豆有和中益气、利小便、解疮毒、通乳及消肿的功效，是脱肛、慢性腹泻、子宫脱垂等中气不足病症的食疗佳品。哺乳期女性多吃点豌豆还可促进乳汁分泌。

养生功效

增强免疫力：豌豆中富含人体所需的优质蛋白质，可以提高机体免疫力。

防癌抗癌：豌豆中富含胡萝卜素，食用后可防止人体中致癌物质的合成，从而抑制癌细胞的形成，降低癌症的发病率。

通利大肠：豌豆中富含粗纤维，能促进大肠蠕动，保持大便通畅，起到清洁大肠的作用。

选购与保存

选购：颗粒均匀、饱满，颜色鲜绿的嫩豌豆较好。

保存：去壳的嫩豌豆如果未经烹饪，适于冷冻保存。将豌豆（千万不要沾水，去壳后直接保存）放进袋子里，密封好以后平铺，尽量使每粒豆子之间留有空隙，不要和其他豆子挤在一起，然后放入冰箱的冷冻室里直接冷冻。想吃的时候拿出来，放在室温下自然解冻即可。最好在1个月内吃完。

搭配宜忌

豌豆的黄金搭配

豌豆+小麦 预防结肠癌。

豌豆+大米 增强免疫力。

豌豆的不宜搭配

豌豆+酸奶 会降低营养价值。

蚕豆

蚕豆为豆科植物蚕豆的种子，又叫南豆、胡豆。其荚果大而肥厚，种子椭圆扁平，据传是张骞出使西域时带回中原的。

营养点评

蚕豆蛋白质的含量很高，对于因缺乏蛋白质而出现的水肿，以及由此而导致的慢性肾炎具有很好的食疗作用，还能缓解动脉硬化症状。蚕豆所含氨基酸种类较为齐全，赖氨酸的含量特别丰富。蚕豆还含有少量维生素和钙、铁、磷、锰等多种营养素，具有健脾利湿，治膈食、水肿，涩精实肠等功效。

蚕豆内还含有植物凝集素，有消肿、抗癌的作用，对胃癌、食道癌、子宫颈癌特别有效。蚕豆中的粗纤维和其他有效营养成分对调整血压和预防肥胖有明显的效果。

养生功效

增强免疫力：蚕豆含蛋白质、碳水化合物、粗纤维、维生素B_1、维生素B_2、烟酸和钙、铁、磷、钾等多种成分，具有增强免疫力的功效。

提神健脑：蚕豆的磷和钾含量较高，能增强记忆力，特别适合脑力工作者食用。

降低血脂：蚕豆中的蛋白质可以延缓动脉硬化，蚕豆皮中的粗纤维有降低胆固醇、促进肠蠕动的作用。

选购与保存

选购：蚕豆以颗粒大而果仁饱满，无发黑、虫蛀、污点者为佳。

保存：新鲜蚕豆只可放置两三天，干品蚕豆应装好后置于干燥、阴凉、通风处保存。

选购与保存

蚕豆的黄金搭配

蚕豆+韭菜 帮助消化、消除腹胀。

蚕豆+枸杞 缓解腰酸背痛的症状。

蚕豆+海参 健脾益气、止血养血。

蚕豆+月季花 活血调经、消肿解毒。

蚕豆的不宜搭配

蚕豆+田螺 影响结肠健康。

蚕豆+牡蛎 阻碍人体对锌的吸收。

春夏秋冬与豆类养生

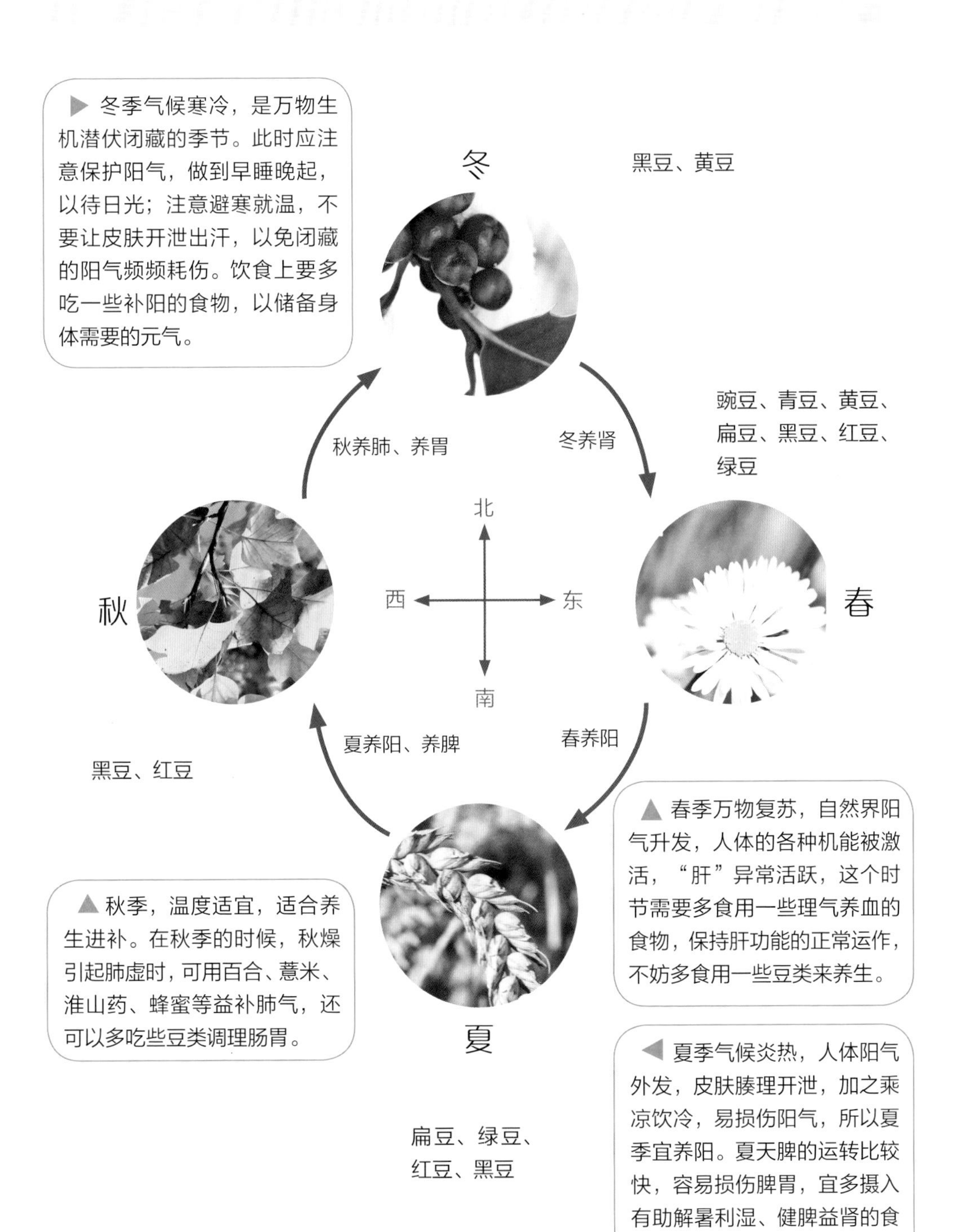

▶ 冬季气候寒冷，是万物生机潜伏闭藏的季节。此时应注意保护阳气，做到早睡晚起，以待日光；注意避寒就温，不要让皮肤开泄出汗，以免闭藏的阳气频频耗伤。饮食上要多吃一些补阳的食物，以储备身体需要的元气。
冬
黑豆、黄豆
秋养肺、养胃
冬养肾
豌豆、青豆、黄豆、扁豆、黑豆、红豆、绿豆
北
西
东
南
秋
春
夏养阳、养脾
春养阳
黑豆、红豆
▲ 春季万物复苏，自然界阳气升发，人体的各种机能被激活，“肝”异常活跃，这个时节需要多食用一些理气养血的食物，保持肝功能的正常运作，不妨多食用一些豆类来养生。
▲ 秋季，温度适宜，适合养生进补。在秋季的时候，秋燥引起肺虚时，可用百合、薏米、淮山药、蜂蜜等益补肺气，还可以多吃些豆类调理肠胃。
夏
◀ 夏季气候炎热，人体阳气外发，皮肤腠理开泄，加之乘凉饮冷，易损伤阳气，所以夏季宜养阳。夏天脾的运转比较快，容易损伤脾胃，宜多摄入有助解暑利湿、健脾益肾的食物，豆类是不错的选择。
扁豆、绿豆、红豆、黑豆

豆类及豆制品常见饮食宜忌

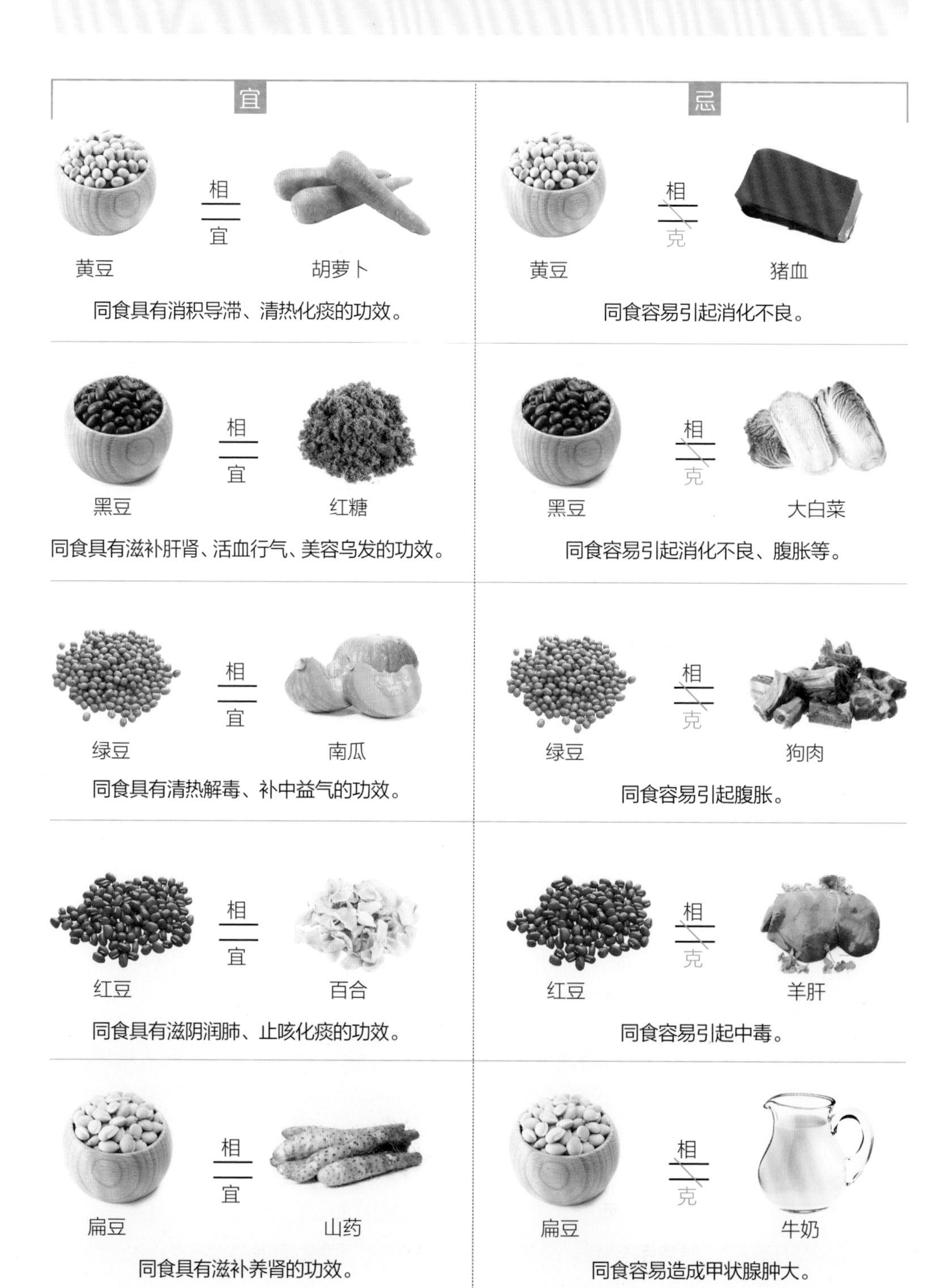

宜
忌
蚕豆
相宜
枸杞
同食具有清肝祛火的功效。
蚕豆
相克
田螺
同食容易引起肠胃不适、腹痛等。
绿豆芽
相宜
韭菜
同食可解除人体内热毒、润肠通便。
黄豆芽
相克
猪肝
同食不利于营养的吸收。
豆腐
相宜
鱼
同食提高人体钙的吸收，预防骨质疏松和小儿佝偻病。
豆腐
相克
菠菜
同食容易形成结石。
豆浆
相宜
全麦面包
同食热量低，适合减肥人士食用。
豆浆
相克
鸡蛋
同食影响蛋白质的吸收。
腐竹
相宜
西芹
同食有缓解压力、抗疲劳的作用。
腐竹
相克
蜂蜜
同食容易引起消化不良。

02

全家人都爱喝的养生豆奶

豆奶，充分利用动植物蛋白资源进行有效搭配，能提高蛋白效价和生物效价。豆子中的大部分可溶性营养成分在制作过程中转移到了豆奶中，因此，长期饮用豆奶可以摄取大量优质的蛋白质、大豆油脂、维生素和矿物质。

豆奶的营养价值

豆奶综合了豆子和牛奶两种物质的营养，含多种维生素和矿物质，有较高的营养价值。

蛋白质、氨基酸的配比更合理

豆类的蛋白质含量高达40%，而且都是优质蛋白质；还含有人体所必需的氨基酸，其中赖氨酸的含量高于谷物。豆类中所含的氨基酸的比例非常适合人体吸收。

牛奶中的蛋氨酸含量较高，可以补充豆类蛋白质中蛋氨酸的不足。鲜牛奶的蛋白质含量为3.4%，主要包括酪蛋白、乳清蛋白和脂肪球膜蛋白三种。牛奶中乳蛋白的消化吸收率一般为97%~98%，属完全蛋白。豆奶将动、植物中的蛋白互补，使氨基酸的配比更合理，更利于人体的消化吸收。

不饱和脂肪酸含量高

豆奶中的脂肪主要是植物脂肪，不饱和脂肪酸含量较高，胆固醇含量低，可以预防动脉硬化。

膳食纤维丰富

豆奶是经过超微粉碎工艺加工而成的，不除豆渣，大豆子叶被全部利用，所以膳食纤维的含量比同类产品高。膳食纤维有润肠通便的作用，可以预防直肠癌。

含有低聚糖

豆奶中含有大豆低聚糖，可以提高人体免疫力，延缓衰老。

含有大豆异黄酮

豆奶中含有大豆异黄酮。大豆异黄酮是植物雌激素，长期食用可以预防乳腺癌、前列腺癌、骨质疏松，减轻或避免更年期综合征。

含有大豆卵磷脂

豆奶中含有大豆卵磷脂。大豆卵磷脂可以抗衰老、激活脑细胞，提高老年人的记忆力与注意力。

含有乳脂肪

豆奶中的乳脂肪含量约为3.6%，且呈乳糜化状态，以极小脂肪球的形式存在，摄入人体后可经胃壁直接吸收。乳脂肪是一种消化率很高的食用脂肪，它能为机体提供能量，保护机体。乳脂肪不仅使豆奶具备特有的奶香味，而且其中还含有多种脂肪酸和少量磷脂，脂肪酸中的不饱和脂肪酸和磷脂中的卵磷脂、脑磷脂、神经磷脂等都具有保健作用。

含有乳糖

豆奶中的牛奶乳糖是特有的碳水化合物，能提供热能和促进金属离子（如钙、镁、铁、锌等）的吸收，对婴儿的智力发育非常重要。钙的吸收程度与乳糖数量成正比，丰富的乳糖含量能预防佝偻病。

含有多种矿物质

牛奶中含有丰富的钙，且钙磷比例适当，有利于钙的吸收，是钙质的最好来源。每天饮用250毫升牛奶，就可以补充300毫克左右的钙，达到推荐供给量的35%，这有助于解决中国人膳食钙缺乏的问题。豆类与牛奶相结合后，不仅含有丰富的钙，还有钾、钠、铁等其他丰富的矿物质，还有微量元素镁。

含有多种维生素

维生素对维持人体正常生长及调节功能具有重要作用。豆奶中含有丰富的维生素，如维生素A、维生素D、维生素E、维生素B_1、维生素B_2等。

豆奶的养生功效

豆奶含有多种人体必需的维生素，可防止不饱和脂肪酸氧化，去除过剩的胆固醇，防止血管硬化，减少黄褐斑，有预防老年病的养生功效。

调节女性内分泌

常喝豆奶的女性显得年轻，中老年女性喝豆奶对延缓衰老也有明显好处。豆奶中含有氧化剂、矿物质和维生素，还含有一种植物雌激素——大豆异黄酮，可调节女性内分泌，明显改善身体素质。

预防乳腺癌和子宫癌

常喝豆奶可以调节女性体内的雌激素与孕激素水平，使分泌周期变化保持正常，能有效预防乳腺癌、子宫癌的发生。

强身健体

豆奶中含丰富的蛋白质、脂肪、碳水化合物、磷、铁、钙、镁以及维生素、核黄素等，对增强体质大有好处。

防治糖尿病

豆奶中含有大量的纤维素，能有效地阻止身体对糖的吸收，因而能防治糖尿病，是糖尿病患者日常必不可少的好食品。

防治支气管炎

豆奶中所含的麦氨酸有防止平滑肌痉挛的作用，从而减少支气管炎的发作。

防治高血压

豆奶中所含的豆甾醇、钾、镁等营养物质，是有力的抗钠物质。钠是高血压发生和

复发的主要根源之一，如果能适当地控制体内钠的含量，即能防治高血压。

防治冠心病

豆奶中所含的豆甾醇、钾、镁、钙等营养素能加强心肌血管的兴奋度，改善心肌营养，降低胆固醇，促进血液流通。

防治脑卒中

豆奶中所含的镁、钙等元素，能降低脑血脂，有效防止脑梗死、脑出血的发生。豆奶中所含的卵磷脂还能减少脑细胞的死亡率，提高脑功能。

延缓衰老、预防阿尔茨海默病

豆奶中所含的硒、维生素E、维生素C等营养素，有很强的抗氧化功能，可延缓衰老，预防阿尔茨海默病。

常喝豆奶有何好处

豆奶是时下流行的养生饮品之一，因营养价值高及口感独特，在未来有可能替代牛奶。豆奶中蛋白质和矿物质的含量丰富，营养较为均衡，经常饮用对人体健康大有裨益。

豆奶含有丰富的营养成分，特别是含有丰富的蛋白质以及较多的微量元素镁，还含有维生素B_1、维生素B_2等，是一种较好的营养食品。

豆奶还被西方营养学家称作健脑食品，因为豆奶中所含的大豆磷脂可以激活脑细胞，提高老年人、儿童的记忆力与注意力。

磷脂是人体细胞构成的基本物质之一，是组成大脑细胞和神经细胞必不可少的成分。生物体中磷脂的代谢与脑的机能状态有关。人在服用大豆磷脂后，经过体内水解而生成胆碱、甘油磷酸及脂肪酸，具有较强的生理活性和营养价值，因此，老年人经常服用大豆磷脂对改善神经化学功能和大脑机能起到了促进作用。适当补充磷脂可缓解脑细胞的退化与死亡，增强体质。

大豆磷脂能够抗衰老，是因为磷脂具有保护和恢复细胞的作用。细胞膜是由磷脂、蛋白质、胆固醇组成的，它们承担着代谢过程中供应细胞维持生命所必需的物质和排泄废物的功能。因此，对老年人来说，大豆磷脂是一种激发脑细胞活力效果比较明显的保健食品。

豆奶属高纤维食物，能解决便秘问题，增强肠胃蠕动，使小腹不再凸出。豆奶除了能补充营养、增强免疫力之外，还能减少面部青春痘、暗疮的发生，使皮肤白皙润泽。

豆奶含有丰富的不饱和脂肪酸，能分解体内的胆固醇，促进脂质代谢，使皮下脂肪不易堆积。

原味豆奶

原味豆奶是一种很好的健脾益智的营养饮品，且能在最大限度上保持豆类原本的味道，其适用人群也较为广泛。

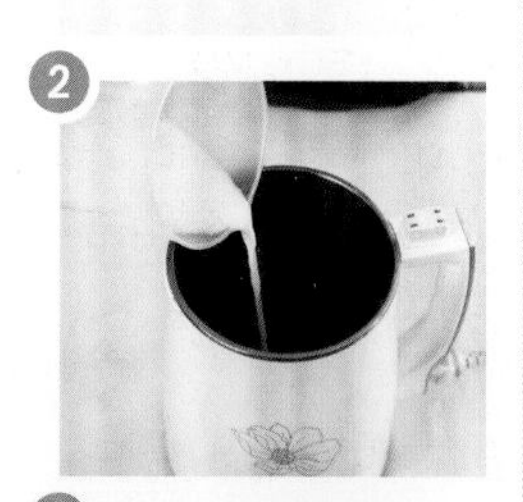

增强免疫 延缓衰老

黄豆豆奶

材料

黄豆 70 克，牛奶 50 毫升，白糖适量。

做法

❶ 将干黄豆预先用水浸泡6～8小时，捞出洗净。

❷ 将黄豆放入豆浆机中，加水至上、下水位线之间，搅打成豆浆，煮熟。

❸ 将豆浆过滤，加入牛奶和少许白糖，搅拌均匀即可。

特别提示

挑选黄豆时，应以颗粒饱满、无虫害、无霉变者为佳。

宜	√ 老年人饮用此豆奶可增强记忆力。
忌	× 患有严重肝病、动脉硬化的人禁饮此豆奶。

补充营养 延缓衰老

黑豆豆奶

材料

黑豆 70 克，牛奶 50 毫升。

做法

❶ 黑豆加水，泡至膨胀发软，捞出洗净。

❷ 将黑豆放入豆浆机中，搅打成汁，加热煮熟。

❸ 煮熟的黑豆浆过滤，调入温热的牛奶，搅拌均匀即可。

特别提示

黑豆用水浸泡时，会有轻微掉色，属于正常现象。

宜 ✓ 高血压患者多食黑豆，有很好的疗效。

忌 × 黑豆不宜生吃，肠胃不好的人会出现胀气。

净化血液 利尿消肿

红豆豆奶

材料

红豆 40 克，牛奶 60 毫升，白糖适量。

做法

❶ 红豆用清水洗净，提前一晚上泡发。

❷ 将泡好的红豆放入豆浆机中，加入适量水磨成豆浆。

❸ 加入牛奶，煮沸，加入适量的白糖拌匀即可。

特别提示

红豆有燥湿止痒、润肤养颜的功效，常喝红豆豆奶可美容养颜。

宜	√ 水肿、哺乳期妇女适合食用红豆。
忌	× 红豆不宜与羊肉同食。

和中益气 利尿消肿

绿豆豆奶

材料

绿豆 40 克，牛奶 20 毫升，白糖适量。

做法

❶ 将绿豆洗净，浸泡 10 ~ 12 小时。

❷ 将浸泡好的绿豆倒入豆浆机，加水，启动机器，磨成豆浆。

❸ 再放入准备好的牛奶搅匀，煮沸，过滤，依个人口味加入白糖即可饮用。

特别提示

绿豆性凉，脾胃虚弱者不宜多食用。

宜	√ 冠心病、中暑、暑热烦渴适宜食用绿豆。
忌	× 绿豆忌与鲤鱼、榧子、狗肉同食。

加料豆奶

加料豆奶由于添加的原料各有不同，故其营养成分各有不同，保健功效也随之各有侧重。

清热润燥　开胃通便

荸荠豆奶

材料

荸荠 25 克，黄豆 45 克，牛奶、白糖各适量。

宜　√ 儿童和发热者最宜食用荸荠。

忌　× 脾肾虚寒和有血瘀者忌食荸荠。

做法

1. 黄豆浸泡6小时，捞出洗净；荸荠洗净，去皮，切小块。
2. 将黄豆、荸荠倒入豆浆机中，加适量水，再加入适量牛奶，拌打成豆奶。
3. 过滤好后，依据个人口味加白糖，拌匀即可。

特别提示

荸荠可用于治疗热病烦渴、痰热咳嗽、咽喉疼痛等。

平肝明目 宽中健脾

胡萝卜豆奶

材料

胡萝卜 30 克，黄豆 40 克，牛奶适量。

做法

❶ 胡萝卜洗净，切小块；将黄豆放入温水中浸泡 10 小时，洗净备用。

❷ 将上述原料一起倒入豆浆机中，加适量水搅打成浆，并煮沸。

❸ 过滤，加入牛奶拌匀即可。

特别提示

胡萝卜中含有的琥珀酸钾有降血压的效果。

宜 √ 夜盲症患者多食胡萝卜有治疗作用。

忌 × 胡萝卜过量食用，会使皮肤颜色发黄。

提神护心 舒缓心情

咖啡豆奶

材料

黄豆60克，咖啡粉10克，牛奶50毫升，白糖少许。

做法

❶ 黄豆用温水浸泡 6 小时，洗净后沥干水分。

❷ 将黄豆、咖啡粉倒入豆浆机内，加适量牛奶搅打成浆，煮至豆浆机提示豆奶做好。

❸ 依个人口味加入白糖即可饮用。

特别提示

冲泡过久的咖啡味道会变差，这是因为咖啡中的丹宁酸煮沸后会分解产生焦梧酸。

宜 √ 缺铁性贫血适宜食用黄豆。

忌 × 低碘者和对黄豆过敏者禁食黄豆。

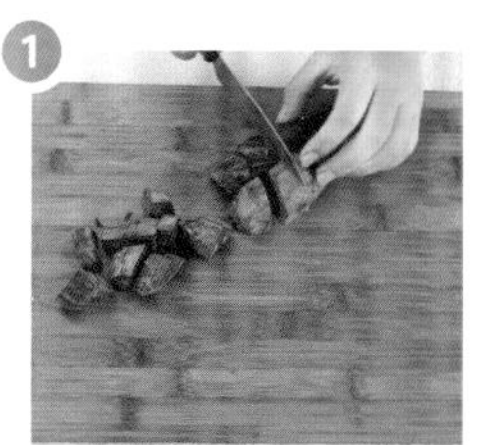

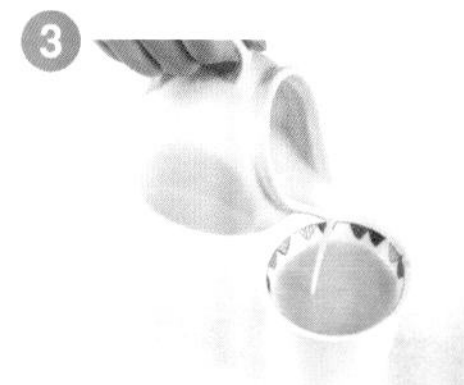

增强免疫 健脾和胃

紫薯豆奶

材料

紫薯 50 克，黄豆 50 克，牛奶适量。

做法

1. 紫薯去皮，洗净，切小块；黄豆泡发 6 ~ 8 小时，捞出沥干水分。
2. 将紫薯、泡发好的黄豆都放入豆浆机中，加牛奶至上、下水位线间，搅打成豆奶。
3. 加热烧沸后，滤出豆奶即可。

特别提示

紫薯糖分含量高，吃多了会刺激胃酸大量分泌，使人感到胃部灼热。

宜 √ 紫薯可以抗氧化，食之可减肥健身。

忌 × 湿阻脾胃、气滞食积者应慎食紫薯。

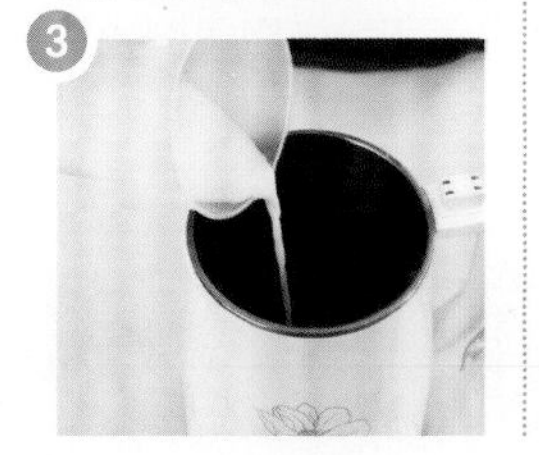

瘦身排毒　利水消肿

薏米绿豆奶

材料

薏米20克，绿豆40克，牛奶 50 毫升，白糖适量。

做法

1. 薏米、绿豆分别洗净，绿豆泡发 3 小时，薏米泡发 6 小时。
2. 将薏米、绿豆均放入豆浆机中，加入牛奶，搅打成汁。
3. 加热煮熟后过滤，加入适量白糖，调匀即可。

特别提示

制作此款豆奶时，如果想要更快速、方便，也可以将薏米换成薏米粉。

宜 √ 中暑、暑热烦渴、疮毒患者宜食绿豆。

忌 × 绿豆忌与鲤鱼、榧子、狗肉同食。

果味豆奶

果味豆奶不仅增添了水果之清香，还可尽收其营养，是一款特别适宜女性、儿童饮用的保健饮品。

增强免疫 健脾理气

橘子豆奶

材料

橘子1个，黄豆50克，牛奶适量。

牛奶

做法

1. 橘子去皮，剥成瓣；黄豆泡至发软，捞出洗净。
2. 将橘子、黄豆放入豆浆机中，加少许水，搅打成豆浆，煮沸。
3. 调入牛奶搅拌均匀即可。

特别提示

最好不要空腹饮用橘子豆奶，以免对胃黏膜产生刺激，引起不适。

宜 ✓ 冠心病、血脂高的人多吃橘子有益。

忌 × 橘子中的有机酸会刺激胃黏膜，避免空腹吃橘子。

排毒瘦身 滋润皮肤

菠萝柠檬豆奶

材料

菠萝、柠檬各 20 克，黄豆 50 克，牛奶 50 毫升，白糖适量。

做法

1. 柠檬剥皮，切成碎块；菠萝去皮取肉，洗净切丁，用盐水浸泡 30 分钟；黄豆浸泡 6 小时，捞出洗净。
2. 将柠檬、菠萝、黄豆倒入豆浆机内，加牛奶搅打成浆，煮至豆浆机提示豆奶做好。
3. 依个人口味加入白糖即可。

宜	√ 菠萝中丰富的维生素 B 能有效滋养肌肤，防止皮肤干裂。
忌	× 菠萝中的菠萝蛋白酶能致敏，过敏体质的人慎食。

生津止渴 疏肝理气

橙子黑豆奶

材料

橙子1个，黑豆40克，牛奶50毫升，白糖适量。

做法

1. 橙子去皮，切小块；黑豆浸泡 8 小时，洗净待用。
2. 将橙子、黑豆放入豆浆机中，加适量水打成豆浆，过滤煮沸。
3. 趁热加白糖拌至融化，加适量牛奶调和即可。

宜	√ 女性多饮此豆奶有助于增加皮肤弹性。
忌	× 不宜过量饮用。

消暑清热 生津解渴

甜瓜豆奶

材料

甜瓜50克，黄豆45克，牛奶50毫升，白糖15克。

做法

1. 甜瓜去皮去子，洗净后切小块；干黄豆泡发8小时，捞出洗净。
2. 将甜瓜、黄豆放入豆浆机中，添水搅打成豆浆，煮沸后滤出，趁热加入白糖拌匀。
3. 加少许牛奶，轻轻搅拌均匀即可。

特别提示

甜瓜可消暑清热。

宜 √ 肾病患者食甜瓜有益营养吸收。

忌 × 脾胃虚寒、腹胀便溏者应忌食甜瓜。

润肺生津 清热凉血

草莓豆奶

材料

草莓40克，黄豆50克，牛奶60毫升。

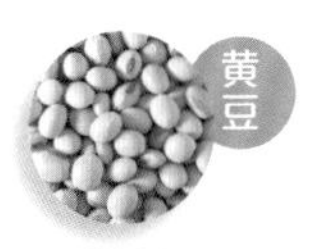

做法

1. 草莓去蒂，洗净后切丁；黄豆浸泡8小时，捞出洗净。
2. 将草莓、黄豆放入豆浆机中，加少许水搅成豆浆，煮沸后过滤。
3. 待豆浆放至温热时，加适量牛奶调匀即可。

宜 √ 再生障碍性贫血可多食草莓。

忌 × 尿路结石患者不宜多吃草莓。

润肺生津 清热凉血

樱桃豆奶

材料

樱桃 30 克，黄豆 50 克，牛奶、白糖各适量。

做法

1. 樱桃去蒂洗净，备用；干黄豆泡发后捞出洗净。
2. 将樱桃、黄豆放入豆浆机中，添水搅打成豆浆，煮熟，趁热放入白糖拌匀。
3. 待豆浆温时调入牛奶搅拌均匀即可。

特别提示

应选颜色鲜艳、果粒饱满、表面有光泽和弹性的樱桃。

宜 √ 关节炎患者每天食樱桃可缓解病症。

忌 × 热性病及虚热咳嗽者忌食樱桃。

温补中焦 养心益气

苹果豆奶

材料

苹果1个，黄豆45克，牛奶50毫升，白糖少许。

做法

1. 苹果洗净，去核后切成小块；黄豆预先泡软，洗净备用。
2. 将黄豆和苹果都放入全自动豆浆机中，添水搅打成豆浆并煮熟，过滤。
3. 将牛奶调入过滤后的豆浆中，加白糖拌匀即可。

特别提示

苹果最好不要削皮。

宜 √ 中老年女性多食苹果能防止中风。

忌 × 糖尿病患者不宜多吃苹果。

开胃消食 帮助消化

山楂豆奶

材料

山楂15克，黄豆45克，牛奶50毫升，白糖10克。

宜	√ 老年人常吃山楂制品能延年益寿。
忌	× 孕妇忌吃山楂，有可能诱发流产。

做法

1. 山楂洗净，去核切粒；黄豆用清水泡软，捞出洗净。
2. 将山楂和黄豆放入豆浆机中，加适量水搅打成豆浆，烧沸后滤出豆浆。
3. 调入牛奶、白糖拌匀即可。

清理肠胃 减肥美容

菠萝豆奶

材料

菠萝 30 克，黄豆 40 克，牛奶 45 毫升。

做法

1. 菠萝去皮，洗净，放入盐水中浸泡 20 分钟，捞出，切小块；黄豆浸泡 6 小时，洗净。
2. 将菠萝、黄豆、牛奶倒入豆浆机中搅打成浆，煮至豆浆机提示豆奶做好。
3. 滤出豆奶即可。

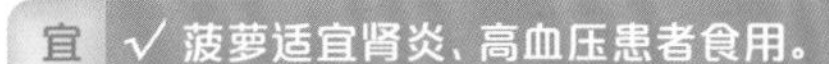

宜 √ 菠萝适宜肾炎、高血压患者食用。

忌 × 血液凝固功能不全者忌食菠萝。

清热除烦 有宜血管

猕猴桃豆奶

材料

猕猴桃 40 克，黄豆 45 克，牛奶、白糖各适量。

做法

1. 猕猴桃洗净，去皮，切片；黄豆用温水浸泡 7 小时，洗净。
2. 将上述原料一起倒入豆浆机内，添水搅打成浆，煮沸。
3. 将豆浆进行过滤，然后调入适量牛奶、白糖，拌匀即可。

宜 √ 猕猴桃适宜消化不良者食用。

忌 × 月经过多和尿频者忌食猕猴桃。

润肠通便 降低血压

香蕉李子豆奶

材料

香蕉1根，李子20克，黄豆45克，牛奶50毫升，白糖适量。

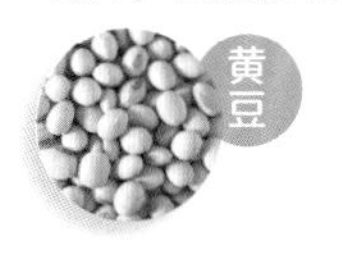

做法

1. 香蕉去皮，切小块；李子洗净，去核切小块；干黄豆预先泡发6～8小时，捞出洗净。
2. 将香蕉、李子、黄豆、白糖一同放入豆浆机中，添水搅打成豆浆，煮沸后滤出豆浆。
3. 加入牛奶调匀即可。

宜 √ 肝有疾者宜食用李子。

忌 × 脾虚痰湿者及小儿不宜多吃李子。

开胃消食 润肺护肤

葡萄干豆奶

材料

葡萄干30克，黄豆50克，牛奶50毫升。

做法

1. 葡萄干洗净，控干水分；黄豆用温水浸泡6小时，洗净，捞出沥干水分。
2. 将葡萄干、黄豆倒入豆浆机内，加适量水，启动机器，搅打成浆。
3. 过滤后调入牛奶，拌匀即可饮用。

宜 √ 葡萄干适宜孕妇和贫血患者食用。

忌 × 糖尿病患者忌食葡萄干。

补血生津　润肠通便

香蕉桃子豆奶

材料

香蕉半根，桃子1个，黄豆45克，牛奶50毫升，白糖适量。

做法

1. 香蕉去皮，切小块；桃子洗净，去皮去核，切小块；黄豆泡至发软，洗净。
2. 将上述材料一起放入豆浆机中，加水搅打成浆，煮沸后滤出豆浆。
3. 加入牛奶和白糖拌匀即可。

宜　√ 水肿患者适合食用桃子。

忌　× 胃肠功能不良者不宜多吃桃子。

补脾益肾　促进消化

椰味豆奶

材料

椰汁40毫升，牛奶20毫升，黄豆20克，白糖适量。

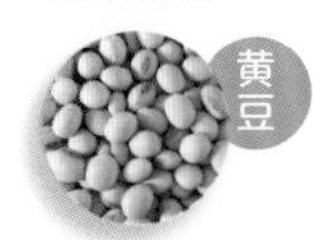

做法

1. 黄豆洗净，用清水浸泡10～12小时，捞出洗净。
2. 将浸泡好的黄豆与准备好的椰汁倒入豆浆机内，启动机器，打至豆浆机提示完成。
3. 过滤后加入牛奶，大火煮沸，依照个人口味加入白糖即可。

宜　√ 久病体虚者可多食椰子改善体质。

忌　× 病毒性肝炎、脂肪肝患者忌食椰子。

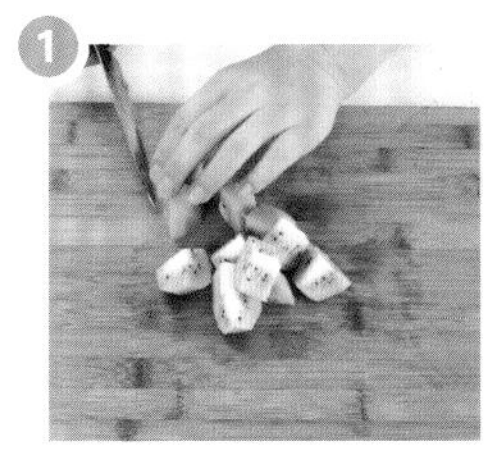

减肥健美 预防眼病

猕猴桃橙子豆奶

材料

猕猴桃、橙子、黄豆各30克，牛奶适量。

做法

1. 橙子剥皮，掰成瓣；猕猴桃将表面绒毛洗净，去皮，切块；黄豆浸泡6小时，洗净。
2. 将橙子、猕猴桃、黄豆放入豆浆机中，加牛奶至上、下水位线之间，搅打成豆奶，并煮沸。
3. 将豆奶进行过滤即可。

特别提示

猕猴桃中特有的膳食纤维能够促进消化吸收。

宜	√ 胸膈满闷、恶心欲吐者宜食猕猴桃。
忌	× 糖尿病患者忌食猕猴桃。

保健豆奶

保健豆奶特别添加了很多对人体有益的滋补材料，对健康大有好处，适合全家饮用。

补脾益肾 乌发壮骨

黑米桑叶豆奶

材料

黑米 30 克，桑叶 10 克，黄豆 45 克，牛奶、白糖各适量。

宜	√ 黑米适宜产后血虚、贫血等患者食用。
忌	× 消化功能弱者忌食黑米。

做法

1. 黑米、黄豆淘洗干净，分别用温水浸泡 7 小时；桑叶洗净，切细。
2. 将黑米、桑叶、黄豆放入豆浆机内，按机器规定加入清水，搅打成浆，煮沸。
3. 往豆浆机内倒入适量牛奶，拌匀后装杯，趁热加少许白糖，搅匀即可饮用。

特别提示

黑米具有开胃益中、暖脾暖肝、明目活血、滑涩补精之功效。

防癌抗癌 宽中健脾

甘薯南瓜豆奶

材料

甘薯 15 克，南瓜 20 克，黄豆 40 克，牛奶、白糖各适量。

做法

1. 甘薯、南瓜去皮，洗净，切丁；黄豆浸泡 6 小时，洗净。
2. 将黄豆、甘薯、南瓜倒入豆浆机内，添水搅打成浆，煮沸后过滤。
3. 加入适量牛奶和白糖，搅拌均匀后即可饮用。

宜	√ 南瓜适合中老年人和肥胖者食用。
忌	× 脚气、黄疸患者忌食南瓜。

益肾补脾 降压防癌

玉米山药红豆奶

材料

玉米粒 30 克，山药 30 克，红豆 45 克，牛奶 40 毫升，白糖适量。

做法

1. 玉米粒洗净；山药去皮，洗净，切小块；红豆泡发 8 小时，捞出洗净备用。
2. 将红豆、玉米粒、山药放入豆浆机中，加入适量水，搅打成豆浆，煮沸后过滤。
3. 调入白糖和牛奶即可饮用。

宜	√ 玉米适合于胆石症患者食用。
忌	× 发霉玉米切忌食用。

润肺生津　补肾和胃

草莓枸杞豆奶

材料

草莓30克，枸杞10克，黄豆40克，牛奶50毫升。

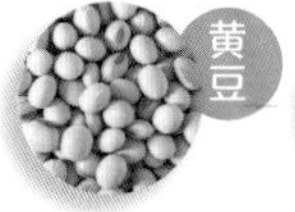

做法

1. 草莓去蒂，洗净切块；枸杞略泡，洗净；干黄豆泡软，洗净备用。
2. 将草莓、枸杞、黄豆放入豆浆机中，添水搅打成豆浆，煮沸过滤。
3. 待豆浆放至温热时，加入牛奶调和即可。

宜　√ 草莓适宜于贫血患者食用。

忌　× 尿路结石患者不宜吃过多草莓。

健脾补血　降气润燥

杏仁红枣豆奶

材料

杏仁20克，红枣15克，黄豆45克，牛奶、白糖各适量。

做法

1. 杏仁用温水略泡，洗净；红枣泡发，去核；干黄豆泡软，洗净。
2. 将上述材料放入豆浆机中，加适量水打成豆浆，煮沸过滤。
3. 调入适量牛奶和白糖，拌匀即可。

宜　√ 杏仁适用于脾胃虚弱者食用。

忌　× 痰多者和大便秘结者忌食杏仁。

润肺止咳 降低血压

雪梨银耳豆奶

材料

雪梨1个，银耳15克，黄豆45克，牛奶50毫升，白糖10克。

做法

1. 雪梨洗净，去皮、去核后切成小碎丁；银耳用温水泡开，去除杂质后洗净；黄豆泡软，洗净备用。
2. 将上述材料都放入豆浆机中，加适量水搅打成豆浆，煮沸过滤。
3. 趁热加入白糖，待温时放入牛奶调匀即可。

宜 √ 雪梨适合肝炎患者、肾功能欠佳者食用。

忌 × 糖尿病患者应少食雪梨。

营养滋补 养心安神

枸杞百合豆奶

材料

枸杞10克，鲜百合15克，黄豆45克，牛奶、白糖各适量。

做法

1. 鲜百合洗净，撕小块；枸杞加水略泡，洗净；干黄豆预先用水浸泡，捞出洗净。
2. 将鲜百合、枸杞、黄豆放入豆浆机中，加水搅打成豆浆，并煮沸。
3. 过滤后加适量白糖和牛奶调匀，饰以枸杞即可。

宜 √ 百合适于中老年人、更年期患者食用。

忌 × 虚寒出血、脾虚便溏者忌食百合。

益气健脾 延缓衰老

板栗燕麦豆奶

材料

板栗 30 克，燕麦 20 克，黄豆 30 克，牛奶、冰糖各适量。

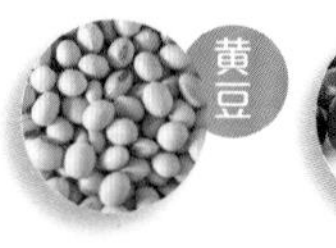

做法

1. 板栗去壳，去内膜，洗净切好；燕麦泡好洗净，沥干；黄豆浸泡 6 小时，洗净。
2. 将牛奶稍加热，加入冰糖拌匀。
3. 板栗、燕麦、黄豆放入豆浆机内，加入调好的牛奶，搅打过滤即可。

宜 ✓ 板栗适宜骨质疏松患者食用。

忌 × 风湿病患者不宜食用板栗。

健脾养胃 滋阴润燥

小米百合葡萄干豆奶

材料

小米、百合各 20 克，葡萄干 25 克，黄豆 40 克，牛奶 45 毫升。

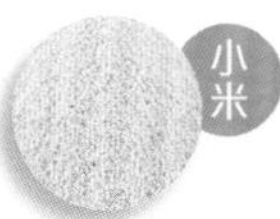

做法

1. 黄豆浸泡 10 小时，洗净待用；百合择洗干净，分瓣；葡萄干洗净，控干水分。
2. 将上述原料一起倒入豆浆机内，加牛奶至合适位置，搅打成浆，煮至豆浆机提示豆奶做好。
3. 过滤后装杯即可饮用。

宜 ✓ 老人、产妇宜食用小米。

忌 × 气滞者忌食用小米。

缓解肺热 清热利尿

樱桃银耳红豆奶

材料

樱桃45克，银耳15克，红豆40克，牛奶50毫升。

做法

1. 樱桃洗净，去核；银耳泡发洗净，撕成小朵；红豆泡软，洗净备用。
2. 将上述材料放入豆浆机中，添水搅打成豆浆，煮沸后滤出豆浆。
3. 调入适量牛奶即可。

特别提示

将泡好的红豆放入锅中，加水煮沸后捞出过凉，这样可以减少榨汁时的豆腥味。

宜 √ 水肿、哺乳期妇女适合食用红豆。

忌 × 尿频者不宜食用红豆。

健脾安神 补血养气

橘子桂圆豆奶

材料

橘子半个，桂圆20克，黄豆45克，牛奶、白糖各适量。

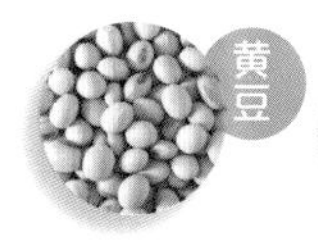

做法

1. 橘子去皮，切成小块；桂圆去壳去核；干黄豆泡软，洗净备用。
2. 将橘子、桂圆、黄豆一起放入豆浆机中，添适量水搅打成豆浆，煮沸后过滤。
3. 加入牛奶、白糖，调匀即可。

特别提示

要选择果皮平整、颜色金黄、柔软的橘子。

宜 √ 桂圆适宜于体弱者、女性食用。

忌 × 有上火、发炎症状时不宜食用桂圆。

养生豆奶

养生豆奶特别添加了能够预防、缓解高血压、冠心病和糖尿病等多种疾病的有益食材，用心呵护全家健康。

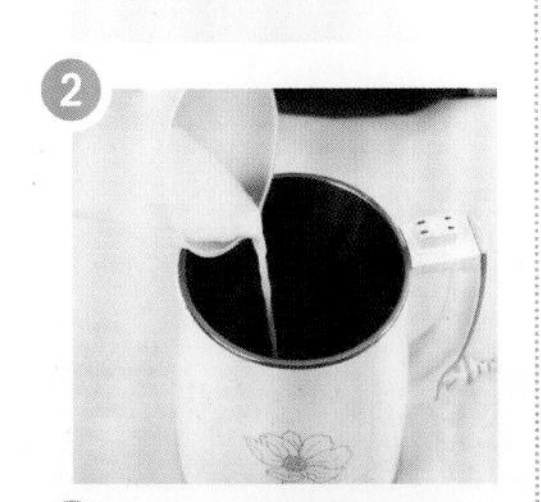

补血养胃 美容减肥

糙米花生豆奶

材料

糙米25克，花生30克，黄豆40克，牛奶40毫升，白糖适量。

做法

❶ 糙米淘洗干净，泡好；花生剥壳留仁，略加冲洗，沥干；黄豆浸泡8小时，捞出洗净。

❷ 将上述材料放入豆浆机内，添水搅打成浆。

❸ 煮沸后进行过滤，放入牛奶并拌匀，再加少许白糖调味即可。

特别提示

糙米胚芽中富含的维生素E能促进血液循环，有效维护人体机能。

宜	√ 花生适合产后乳汁不足者食用。
忌	× 消化不良者应忌食。

健脾利湿 增强记忆

枸杞蚕豆豆奶

1

2

3

材料

枸杞10克，蚕豆、黄豆各30克，牛奶、白糖各适量。

做法

1. 将蚕豆略泡，去皮洗净；黄豆泡发至软，洗净；枸杞洗净。
2. 将以上材料均放入豆浆机中，加水搅打成豆浆，煮沸后过滤。
3. 加白糖搅拌至融化，再加牛奶调匀即可。

特别提示

蚕豆以颗粒大、果仁饱满，无发黑、虫蛀、污点者为佳。

宜 ✓ 枸杞是用眼过度者、老人的食用佳品。

忌 × 高血压患者不宜食用枸杞。

疏散风热 清利头目

薄荷绿豆奶

材料

薄荷 20 克，绿豆 50 克，牛奶、白糖各适量。

做法

1. 绿豆用温水浸泡 6 小时，洗净；薄荷洗净，用开水泡好，加入白糖拌匀。
2. 将绿豆、薄荷水倒入豆浆机内，加适量牛奶至上、下水位线之间，搅打成浆。
3. 煮沸后过滤装杯即可。

特别提示

绿豆能厚肠胃、滋脾胃。

宜	√ 绿豆适宜暑热烦渴、疮毒患者食用。
忌	× 绿豆忌与鲤鱼、榧子、狗肉同食。

清心润肺 美容排毒

百合杏仁绿豆奶

材料

百合 15 克，杏仁 20 克，绿豆 55 克，牛奶、白糖各适量。

做法

1. 百合泡发，洗净后剥成小瓣；杏仁洗净，控干水分；绿豆用温水浸泡 6 小时，洗净。
2. 将百合、杏仁、绿豆混合放入豆浆机中，加清水至上、下水位线之间，打成豆浆，煮好后过滤。
3. 将煮好的豆浆倒入杯子中，再倒入适量牛奶和白糖，搅拌均匀即可。

宜	√ 支气管不佳者食百合有助病情的改善。
忌	× 百合性偏凉，风寒咳嗽者不宜食用。

健脾解毒 防癌抗癌

玉米渣小米绿豆奶

材料

玉米渣 30 克，小米 25 克，绿豆 35 克，牛奶、冰糖各适量。

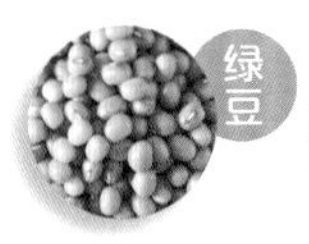

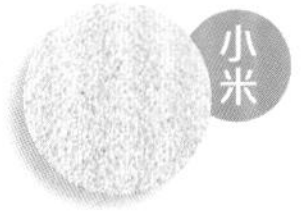

做法

1. 玉米渣、小米淘洗干净，控干水分；绿豆浸泡 6 小时，洗净备用。
2. 将玉米渣、小米、绿豆加入豆浆机内，加牛奶至上、下水位线之间，搅打成浆后煮沸。
3. 将豆奶过滤后加冰糖搅拌至化开即可。

宜 ✓ 玉米适宜心脏病患者食用。

忌 × 胃病患者忌多食玉米。

利尿祛湿 增强免疫

玉米须燕麦黑豆奶

材料

玉米须 10 克，燕麦 20 克，黑豆 50 克，牛奶 50 毫升，白糖少许。

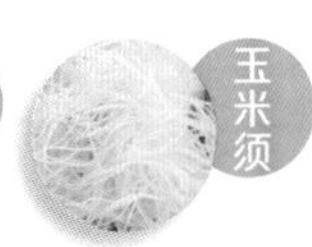

做法

1. 玉米须洗净，用刀切成短穗；燕麦泡好，控干水分；黑豆用温水浸泡 6 小时，洗净。
2. 将玉米须、燕麦、黑豆放入豆浆机内，注入适量牛奶搅打成浆，并煮沸过滤。
3. 待豆奶稍凉，调入白糖搅匀即可。

宜 ✓ 适宜脚气、黄疸水肿等症患者食用。

忌 × 不宜食用过多，否则会胀气。

滋补养生 补脾和胃

桂圆小米豆奶

材料

桂圆 15 克，小米 30 克，黄豆 50 克，牛奶、白糖各适量。

做法

1. 桂圆去壳去核；小米淘洗干净；黄豆泡发至软，洗净备用。
2. 将桂圆、小米、黄豆放入豆浆机中，添水搅打成豆浆，煮沸后过滤。
3. 调入适量牛奶、白糖拌匀即可。

特别提示

桂圆有养血宁神的功效。

宜 √ 体弱者、女性最适宜食用桂圆。

忌 × 有上火、发炎症状的时候不宜吃桂圆。

温中利气 补益脾胃

高粱小米豆奶

材料

高粱 20 克，小米 15 克，黄豆 40 克，牛奶、白糖各适量。

做法

1. 高粱、小米分别淘洗干净；黄豆用清水浸泡 10 小时，捞出洗净。
2. 将高粱、小米、黄豆放入豆浆机内，加牛奶至上、下水位线之间，搅打成浆。
3. 过滤豆奶，加入少许白糖调匀即可饮用。

宜 √ 高粱适宜于消化不良的儿童食用。

忌 × 高粱含糖类较高，糖尿病患者禁食。

养心润肺 养颜美容

莲子百合山药豆奶

材料

莲子 15 克，百合 10 克，山药、黄豆各 30 克，牛奶 40 毫升，白糖适量。

做法

1. 莲子去芯，洗净；干百合泡开，洗净；山药去皮洗净，切小块；黄豆洗净，浸泡 6 小时。
2. 将莲子、百合、山药、黄豆放入豆浆机中，添水搅打成豆浆，煮沸过滤。
3. 待豆浆温热时，放入牛奶、白糖搅匀即可。

特别提示

莲子有养心安神的功效。

宜 √ 莲子适宜失眠者、癌症患者食用。

忌 × 便秘和脘腹胀闷者忌食莲子。

滋阴明目 养颜美容

菊花银耳绿豆奶

材料

菊花 5 克，银耳 10 克，绿豆 50 克，牛奶 50 毫升，白糖少许。

做法

1. 菊花洗净，用热水冲泡成菊花茶；银耳用温水泡发，洗净后撕成小朵；绿豆加水泡至发软，捞出洗净。
2. 将银耳、绿豆放入豆浆机中，加入菊花茶，搅打成豆浆，煮沸后过滤。
3. 调入牛奶、白糖拌匀即可。

宜 √ 肝经风热所致目赤涩痛者宜多食菊花。

忌 × 气虚胃寒、食少泄泻者忌食菊花。

降脂防癌 润肤瘦身

百合绿茶绿豆奶

材料

鲜百合25克，绿茶10克，绿豆15克，牛奶适量。

做法

1. 鲜百合择洗干净，分瓣；绿豆用温水浸泡6小时，洗净，捞出沥干水分；绿茶用开水泡好。
2. 将百合、绿豆、绿茶水倒入豆浆机内，然后加适量水搅打成浆。
3. 煮沸后进行过滤，调入适量牛奶，拌匀装杯即可。

特别提示

唐代《本草拾遗》记载，绿茶“久食令人瘦”。

宜	√ 百合适宜支气管炎患者食用。
忌	× 脾虚便溏者不宜食用百合。

疏通血管 健脾宽中

黑米青豆奶

材料

黑米20克，青豆30克，牛奶40毫升，白糖适量。

做法

1. 将青豆剥好，洗净备用。
2. 黑米洗净，浸泡4～6小时。
3. 将泡好的黑米和青豆倒入豆浆机，加入牛奶和泡黑米的水，一同打浆，煮沸，过滤后调入适量白糖即可。

特别提示

多食黑米具有开胃益中、暖脾温肝、明目活血、滑涩补精之功效。

宜	√ 黑米适宜妇女产后虚弱者食用。
忌	× 老弱病者不宜多食黑米。

开胃下气　美容润肤

山楂二米豆奶

材料

山楂15克，小米、糙米各10克，黄豆40克，牛奶、白糖各适量。

做法

1. 小米、糙米分别洗净，用温水浸泡1～2小时；山楂洗净，去核；黄豆浸泡4～6小时，洗净。
2. 将小米、糙米、山楂、黄豆一起放入豆浆机内，加入牛奶，启动机器搅打成浆，并煮至豆浆机提示豆奶做好。
3. 依照个人口味调入适量白糖即可。

宜　√ 山楂适宜老年性心脏病患者食用。

忌　× 山楂不适宜孕妇食用。

止渴消暑　清热解毒

荷叶桂花绿豆奶

材料

干荷叶、桂花、绿豆各20克，牛奶40毫升。

做法

1. 绿豆用清水洗净，浸泡4～6小时。
2. 将干荷叶和桂花洗净，泡成荷叶桂花茶。
3. 将绿豆、牛奶倒入豆浆机，再加入荷叶桂花茶，搅打成浆，过滤装杯即可。

特别提示

绿豆不可与西红柿同食，以免损伤人体元气。

宜　√ 女性食用桂花有养颜美容的功效。

忌　× 脾胃湿热者不适合食用桂花。

润肤美颜 健脾润肺

薏米百合银耳豆奶

材料

薏米、百合、银耳各 20 克，黄豆 30 克，牛奶、白糖各适量。

做法

1. 黄豆洗净，用清水泡至发软；百合、银耳均泡发洗净，撕成小朵；薏米提前浸泡，淘洗干净。
2. 将上述材料倒入豆浆机内，加适量牛奶搅打成豆奶，煮沸后进行过滤。
3. 装杯，依照个人口味添加白糖即可。

宜 √ 薏米适宜体弱、消化不良者食用。

忌 × 尿多者及怀孕早期的妇女忌食薏米。

预防中风 润肺通便

杏仁槐花豆奶

材料

杏仁 20 克，槐花 15 克，黄豆 40 克，牛奶 45 毫升，蜂蜜少许。

做法

1. 杏仁洗净，控干水分；槐花用温水洗净；黄豆浸泡 7 小时，洗净，捞出沥干水分。
2. 将杏仁、槐花、黄豆倒入豆浆机内，加入适量牛奶，搅打成浆并煮沸。
3. 过滤，将豆奶装入杯中，调入少许蜂蜜拌匀即可。

宜 √ 此豆奶对大便干结者有益。

忌 × 腹泻、肠滑者不宜饮用此豆奶。

女性营养豆奶

女性营养豆奶聚焦女性健康，所采用的食材多能滋补女性身体，长期饮用，对女性健康大有裨益。

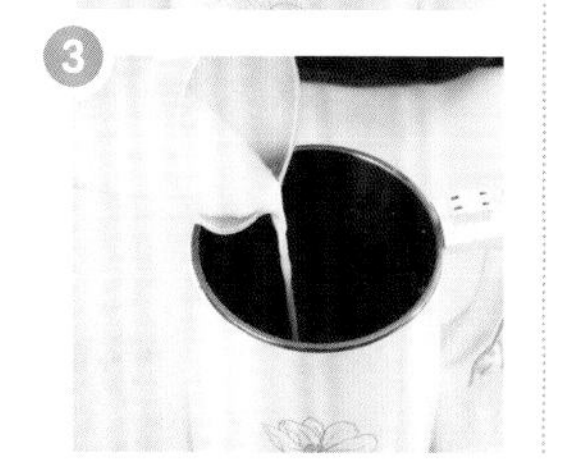

理脾和胃 平肝舒筋

玉米木瓜豆奶

材料

木瓜50克，玉米粒30克，黄豆40克，牛奶、白糖各适量。

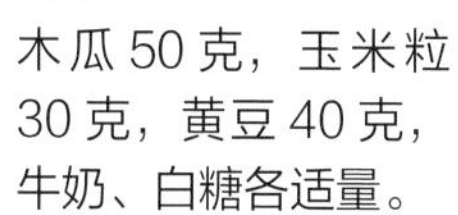

做法

1. 木瓜去皮去子，洗净，切块；玉米粒洗净；黄豆浸泡8小时，捞出洗净。
2. 将木瓜、玉米粒、黄豆放入豆浆机中，加适量牛奶搅打成汁，滤出豆浆煮沸。
3. 加少许白糖搅匀即可。

特别提示

要选择果皮完整、颜色亮丽、无损伤的木瓜。

宜 √ 动脉硬化者食用玉米有食疗作用。

忌 × 发霉的玉米禁止食用。

益肝养发 补血明目

芝麻豆奶

材料

黑芝麻20克，黄豆40克，牛奶45毫升，白糖少许。

黄豆

牛奶

黑芝麻

宜 ✓ 黑芝麻适宜肝肾不足所致眩晕者食用。

忌 × 患慢性肠炎、便溏腹泻者忌食黑芝麻。

做法

1. 黑芝麻洗净，控干水分；黄豆浸泡10小时，捞出洗净。
2. 将黑芝麻、黄豆倒入豆浆机中，加入适量牛奶搅打成浆，煮沸。
3. 过滤后加少许白糖，调匀后装杯即可。

特别提示

黑芝麻有补肝益肾、润燥滑肠、通乳的作用。

补血养颜 健脾养胃

糯米红枣豆奶

材料

糯米 30 克，红枣 20 克，黄豆 30 克，牛奶适量。

做法

1. 糯米用温水浸泡 10 小时，洗净；黄豆用清水浸泡 6 小时，洗净；红枣略泡，洗净去核。
2. 将上述原料倒入豆浆机内，加清水至上、下水位线之间，搅打成浆并煮沸。
3. 趁热倒入牛奶，拌匀后装杯即可。

特别提示

糯米对食欲不佳、腹胀腹泻等症状有一定缓解作用。

宜 √ 糯米适合脾胃虚寒者食用。

忌 × 胃肠消化功能弱者不宜食用糯米。

补气养血 美容养颜

红枣花生豆奶

材料

红枣、花生仁各15克，黄豆30克，牛奶、白糖各适量。

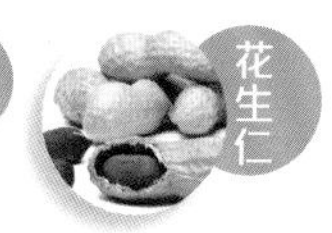

做法

1. 红枣泡发，洗净后去核；花生仁洗净；黄豆泡软，洗净。
2. 将上述材料都放入豆浆机中，加适量水搅打成豆浆，煮沸后过滤。
3. 调入少许牛奶，依据个人口味添加白糖，搅拌均匀即可。

特别提示

花生仁以粒圆饱满、无霉蛀者为佳。

宜 √ 病后体虚者食用花生，有补养效果。

忌 × 霉变的花生有致癌物质，应忌食。

补血养颜 理气和胃

红枣豆奶

材料

红枣20克，黄豆45克，牛奶50毫升，白糖少许。

做法

1. 红枣洗净去核；黄豆洗净，用温水泡发6小时，捞出。
2. 将红枣、黄豆均放入豆浆机中，加少许水搅打成豆浆，过滤。
3. 煮沸后加入温牛奶，加白糖拌匀即可。

特别提示

小儿、成人痰多者和大便秘结者应忌食红枣类饮品，以免助火生痰。

宜	√ 肠胃病食欲不振者适宜食用红枣。
忌	× 痰多者和大便秘结者应忌食红枣。

补血养颜 理气和血

当归桂圆红枣豆奶

材料

当归10克，桂圆、红枣各15克，黄豆45克，牛奶、白糖各少许。

做法

1. 当归洗净，煎汁备用；桂圆去壳去核；红枣用温水洗净，去核；黄豆泡软，洗净。
2. 将桂圆、红枣、黄豆都放入豆浆机内，加入适量当归汁液，搅打成豆浆，煮沸后过滤。
3. 调入适量牛奶和白糖即可。

宜	√ 红枣适宜气血不足者食用。
忌	× 痰多者和大便秘结者应忌食。

保肝护肾 增强免疫

桂圆枸杞红豆奶

材料

桂圆20克，枸杞10克，红豆50克，牛奶100毫升，白糖少许。

红豆

桂圆

枸杞

做法

1. 桂圆去壳、去核；枸杞用温水洗净；红豆泡软，洗净。
2. 将桂圆、枸杞、红豆放入豆浆机中，加入牛奶，搅打成豆奶，煮沸后过滤。
3. 依据个人口味调入适量白糖即可。

特别提示

桂圆有滋补作用。

宜 √ 桂圆最适宜体弱者、女性食用。

忌 × 上火发炎时不宜食用桂圆。

润肺去燥 滋补强身

银耳莲子豆奶

材料

银耳20克，莲子15克，黄豆40克，牛奶、白糖各适量。

黄豆

莲子

银耳

做法

1. 银耳泡发，去掉杂质，洗净后撕成小朵；莲子去心，用开水泡软；黄豆泡发6小时，洗净。
2. 将银耳、莲子、黄豆均放入豆浆机中，添水搅打成浆，并煮沸。
3. 加入牛奶、白糖搅拌均匀即可。

宜 √ 银耳适宜手术后患者和产妇食用。

忌 × 外感风寒者不宜饮用此豆奶。

养心安神 增强记忆

桂圆莲子豆奶

材料

桂圆 20 克，莲子 15 克，黄豆 40 克，牛奶、白糖各适量。

做法

❶ 桂圆去壳去核，洗净；莲子去心洗净，加水泡软；黄豆加水泡 6 ~ 8 小时，捞出洗净。

❷ 上述材料一起放入豆浆机中，添水磨成豆浆，煮沸过滤。

❸ 加适量牛奶、白糖拌匀即可。

特别提示

多食莲子能预防阿尔茨海默病的发生。

宜 √ 中老年人、脑力劳动者适宜多食莲子。

忌 × 便秘和脘腹胀闷者忌食用莲子。

滋补虚损 安心养神

桂圆红枣黑豆奶

材料

桂圆、红枣各 20 克，黑豆 40 克，牛奶 50 毫升，白糖少许。

做法

❶ 红枣泡发后洗净，去核；桂圆去壳去核；黑豆泡发一晚，捞出洗净。

❷ 将红枣、桂圆、黑豆均放入豆浆机中，加适量水磨成豆浆，煮沸后过滤。

❸ 倒入牛奶、白糖，搅拌均匀即可。

特别提示

黑豆以豆粒完整、大小均匀、乌黑者为佳。

宜 √ 黑豆适宜长期使用电脑的群体食用。

忌 × 头痛、水肿者不宜食用黑豆。

护肝降酶 降低血脂

木瓜莲子黑豆奶

材料

木瓜 50 克，莲子 20 克，黑豆 45 克，牛奶、白糖各适量。

做法

1. 木瓜去皮去子，洗净，切小块；将去心的莲子泡至发软，洗净；黑豆浸泡 8 小时，洗净备用。
2. 将上述材料一起放入豆浆机中，加水搅打成浆，过滤后煮沸。
3. 加入牛奶调匀，放少许白糖即可。

宜	√ 消化不良及肥胖者宜食用木瓜。
忌	× 过敏体质者应慎食木瓜。

瘦身排毒 美容养颜

苹果芦荟豆奶

材料

苹果 1 个，芦荟 20 克，黄豆 45 克，牛奶、白糖各适量。

做法

1. 苹果洗净，去核后切成小块；鲜芦荟去皮洗净，切成小块；黄豆泡发后洗净。
2. 将上述材料一起放入豆浆机中，添水搅打成浆，煮熟后过滤。
3. 调入白糖和牛奶，拌匀即可。

宜	√ 溃疡病患者食用芦荟，有治疗作用。
忌	× 儿童不要过量食用芦荟，易发生过敏。

儿童益智豆奶

儿童益智豆奶中所含很多对儿童生长发育有益的食材，对儿童智力发育也很有帮助。

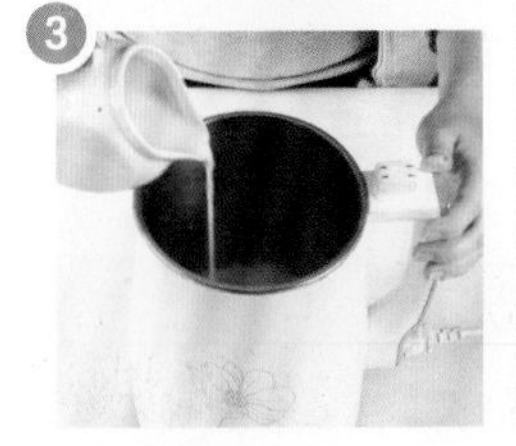

益智健脑 强健筋骨

核桃芝麻豆奶

材料

核桃仁20克，黑芝麻25克，黄豆50克，牛奶适量，白糖少许。

做法

❶ 核桃仁和黑芝麻洗净，控干水分分别碾碎；黄豆用清水浸泡10小时，捞出洗净。

❷ 将碾碎的核桃仁、黑芝麻和泡好的黄豆倒入豆浆机内，加入适量牛奶，启动机器搅打成浆，煮沸。

❸ 将豆奶过滤并装杯，调入少许白糖即可。

特别提示

核桃仁油腻滑肠，泄泻者慎食；核桃仁易生痰动风助火，痰热喘嗽及阴虚有热者忌食。

宜 √ 核桃适宜动脉硬化患者食用。

忌 × 肺结核患者忌食用核桃的同时饮酒。

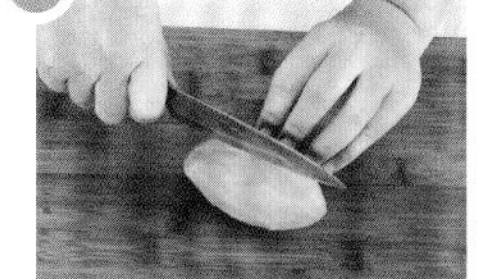

健脾益胃 益肺止咳

甘薯山药燕麦豆奶

材料

甘薯 30 克，山药 20 克，燕麦片 15 克，黄豆 30 克，牛奶适量。

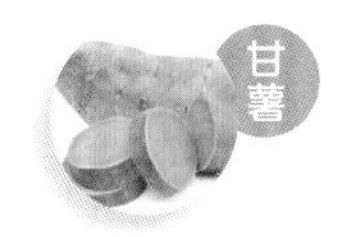

做法

1. 甘薯、山药均去皮，洗净，切片或切小块；燕麦片洗净，控干水分；黄豆浸泡 6 小时，洗净。
2. 将甘薯、山药、燕麦片、黄豆倒入豆浆机内，添水搅打成浆，煮沸。
3. 趁热调入牛奶，搅拌均匀即可。

特别提示

山药可防治儿童腹泻，强壮儿童筋骨。

宜	√ 山药是虚弱、疲劳或病愈者恢复体力的佳品。
忌	× 大便燥结者不宜食用山药。

滋补肝肾 增益气血

葡萄橙子红豆奶

材料

葡萄30克，橙子1个，红豆45克，牛奶、白糖各适量。

做法

1. 葡萄择粒洗净；橙子去皮、去子，切小块；红豆浸泡8小时，捞出洗净。
2. 将葡萄、橙子、红豆放入豆浆机中，添水搅打成豆浆，煮沸后滤出豆浆，趁热加白糖搅匀。
3. 待温时放入适量牛奶拌匀即可。

特别提示

空腹时不宜过多食用橙子，但是可以饮用此豆奶。

宜 √ 葡萄特别适宜四肢筋骨疼痛者食用。

忌 × 便秘者、脾胃虚寒者应少食葡萄。

补气养血 提神健脑

核桃红豆奶

材料

核桃仁 20 克，黄豆 20 克，红豆 20 克，牛奶 40 毫升，白糖适量。

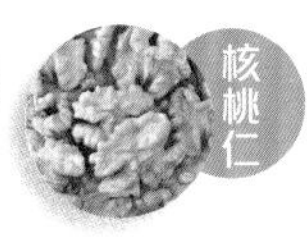

做法

1. 将红豆洗净，用清水浸泡 4 ~ 6 小时；黄豆提前一晚上泡发，捞出洗净。
2. 核桃仁洗净，和备好的黄豆、红豆磨成浆，过滤。
3. 将核桃豆浆、牛奶一起拌匀，大火煮沸，加入适量白糖调味即可。

宜 √ 红豆适宜心脏病和肾病患者食用。

忌 × 尿频的人应少吃红豆。

补益气血 增强免疫力

玉米核桃红豆奶

材料

玉米粒 20 克，核桃仁 20 克，红豆 20 克，牛奶 40 毫升，白糖适量。

做法

1. 红豆洗净，浸泡 4 ~ 6 小时；玉米粒洗净；核桃仁洗净。
2. 将玉米粒、核桃仁和浸泡好的红豆放入豆浆机中，加水磨成浆，过滤。
3. 加入牛奶，煮沸，然后加入适量白糖即可。

宜 √ 核桃适宜肾虚腰痛、健忘者食用。

忌 × 有痰火积热或阴虚火旺者忌食核桃。

健脑益智 增强免疫

芝麻核桃黑豆奶

材料

黑豆40克，黑芝麻20克，核桃仁25克，牛奶适量。

做法

1. 黑豆洗净，用清水泡软；黑芝麻洗净，控干水分；核桃仁碾碎。
2. 将上述材料放入豆浆机中，添水搅打成浆，煮沸后过滤。
3. 装杯，调入适量牛奶，搅拌均匀即可。

特别提示

黑豆浸泡的时候会掉色，这是正常现象，可放心食用。

宜	√ 黑豆适宜风毒脚气，黄疸浮肿者食用。
忌	× 小儿不宜多食黑豆。

补气养血 提神健脑

杏仁核桃红豆奶

材料

杏仁 15 克，红豆 30 克，牛奶 35 毫升，核桃粉 15 克，白糖适量。

做法

1. 杏仁略泡并洗净；红豆用水泡软，捞出洗净。
2. 将杏仁、红豆放入豆浆机中，加少许水，搅打成较浓稠的豆浆，煮沸并过滤。
3. 将核桃粉用热水冲开，与牛奶一起放入豆浆中，加少许白糖，搅拌均匀即可。

特别提示

杏仁以色泽棕黄、颗粒均匀、无臭味者为佳。

宜	√ 杏仁适宜风邪、肠燥患者食用。
忌	× 慢性肠炎、干咳无痰等患者不宜食用杏仁。

提神健脑 消肿减肥

核桃土豆红豆奶

材料

核桃仁 25 克，土豆、红豆各 40 克，牛奶、白糖各适量。

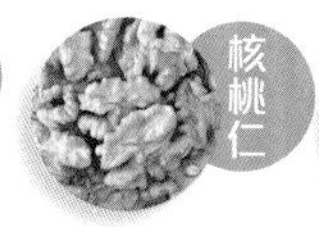

做法

1. 将红豆洗净，放入温水中浸泡 6 小时；核桃仁洗净；土豆去皮洗净，切小块。
2. 将上述准备好的材料均放入豆浆机中，添水搅打成豆浆，然后煮沸过滤。
3. 放入温热的牛奶，加适量白糖，拌匀即可。

宜 ✓ 适量吃些土豆可达到减肥的效果。

忌 × 孕早期的女性应少吃或不吃包括土豆在内的薯类植物。

提神健脑 养心润肺

核桃雪梨绿豆奶

材料

核桃仁 20 克，雪梨 1 个，绿豆 50 克，牛奶、白糖各适量。

做法

1. 核桃仁洗净；雪梨洗净，去皮、去核后切小块；绿豆洗净，浸泡。
2. 将核桃仁、雪梨、绿豆一同放入豆浆机中，加适量水磨成豆浆，煮沸后过滤。
3. 加入适量牛奶和白糖，调匀即可。

特别提示

雪梨有润肺清燥的作用。

宜 ✓ 高血压、肝炎患者可多食雪梨。

忌 × 脾胃虚寒、血虚者不宜多食雪梨。

宁心安神 提神健脑

荸荠核桃红豆奶

材料

荸荠 30 克，核桃仁 15 克，红豆 35 克，牛奶 50 毫升。

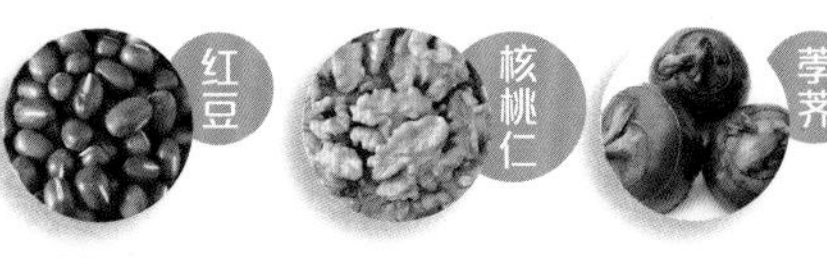

做法

1. 荸荠去皮，洗净，切小块；核桃仁碾碎；红豆泡软，洗净。
2. 将荸荠、核桃碎、红豆倒入豆浆机中。
3. 加入牛奶搅打成浆，煮至豆浆机提示豆奶做好过滤即可。

宜 √ 荸荠中的磷元素能促进儿童生长发育。
忌 × 脾胃虚寒以及血虚者应慎食荸荠。

健脑补肾 缓解疲劳

花生腰果豆奶

材料

花生仁、腰果各20克，黄豆40克，牛奶40毫升。

做法

1. 黄豆浸泡 6 小时，洗净。
2. 花生仁、腰果碾碎，和泡好的黄豆一起倒入豆浆机内，加适量水搅打成浆，煮沸。
3. 过滤，加入牛奶，搅拌均匀即可饮用。

特别提示

食用腰果前最好将腰果洗净并浸泡 5 个小时。

宜 √ 过敏体质者忌食腰果。
忌 × 腰果脂肪含量较高，不宜多食。

补益气血 强壮筋骨

葡萄山药豆奶

材料

葡萄 30 克，山药 40 克，黄豆 50 克，牛奶、白糖各适量。

做法

1. 葡萄洗净，去皮去子；山药去皮洗净，切丁；干黄豆泡发 8 小时，捞出洗净。
2. 将上述材料一起放入豆浆机中，加水搅打成豆浆，并煮沸。
3. 滤出豆浆，加白糖、牛奶拌匀即可。

特别提示

常食葡萄可增强人体抵抗力。

宜 √ 贫血、神经衰弱者可多食葡萄。

忌 × 孕妇不宜多食葡萄。

消除疲劳 解毒通便

猕猴桃薏米绿豆奶

材料

猕猴桃 30 克，薏米 25 克，绿豆 30 克，牛奶 40 毫升，白糖少许。

做法

1. 薏米淘洗干净，浸泡 2 小时；猕猴桃洗净，去皮，切成薄片；绿豆用清水浸泡 5 小时，洗净。
2. 将猕猴桃、薏米、绿豆倒入豆浆机内，加适量水搅打成浆，煮沸后过滤。
3. 将豆浆装杯，调入牛奶和白糖，拌匀即可。

宜 √ 薏米适宜慢性肠炎者食用。

忌 × 孕妇及正值经期妇女忌食薏米。

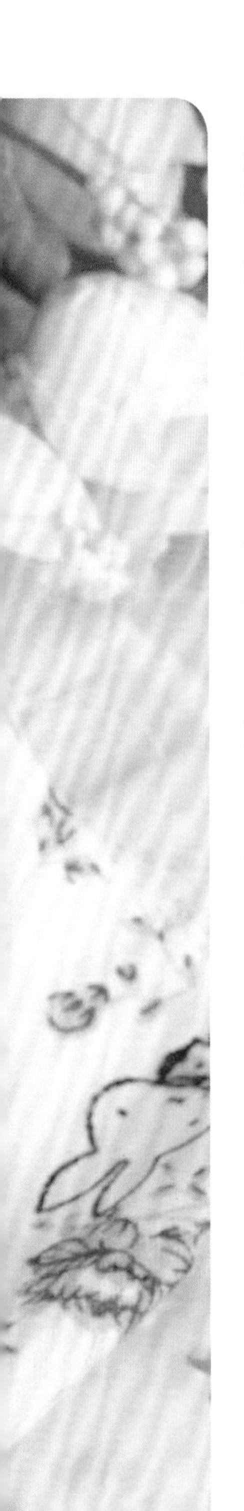

03

豆浆这样做最养生

豆浆是一种老少皆宜的营养饮品，享有“植物奶”的美誉。豆浆含有丰富的植物蛋白和磷脂，还含有维生素、烟酸及铁、钙等矿物质。除了传统的黄豆浆外，豆浆还有很多品种。一些常见的食材都可以成为豆浆的配料，本章将会为您详细介绍。

如何制作豆浆

现今，豆浆的营养价值越来越被人熟知，喝豆浆已成了人们日常生活中的习惯。下面为大家介绍豆浆的制作方法、打豆浆时需要做哪些准备、怎样才能打出好喝的豆浆。

豆浆机的结构

全自动豆浆机是以单片机为核心组成的电子电器产品，集电动机搅拌和发热管加热为一体的组合型器具。下面我们将对豆浆机的主要部件及配套的工具进行详细的介绍。

机身：即豆浆机的机身部分。

机头：是豆浆机的主要部件，内有电机、电脑板等部件。

启动键：插上电源后再按下启动键。

机把手：即豆浆机的把手。

功能选择键：包括五谷、干豆、湿豆、果汁等选择键。

功能提示：按下功能提示键，则提示功能选择键亮灯。

清洗功能：制作完豆浆后，可放入洗洁精进行清洗。

豆浆机的配套工具：包括杯子、勺子、清洗刷、量杯、清洗布、过滤网。

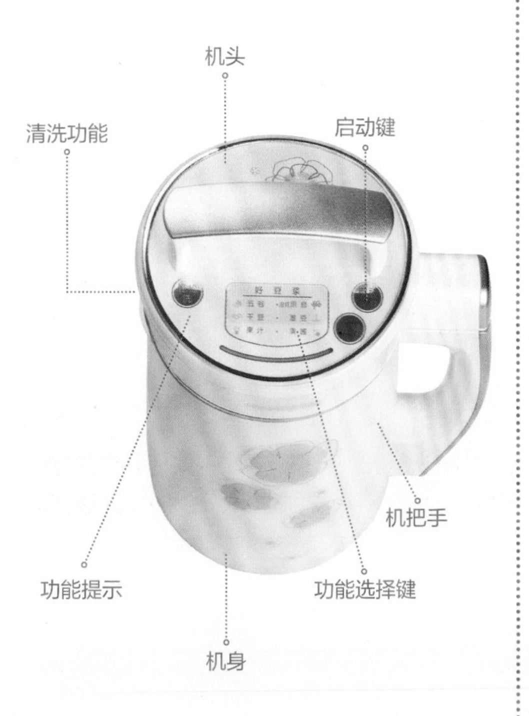

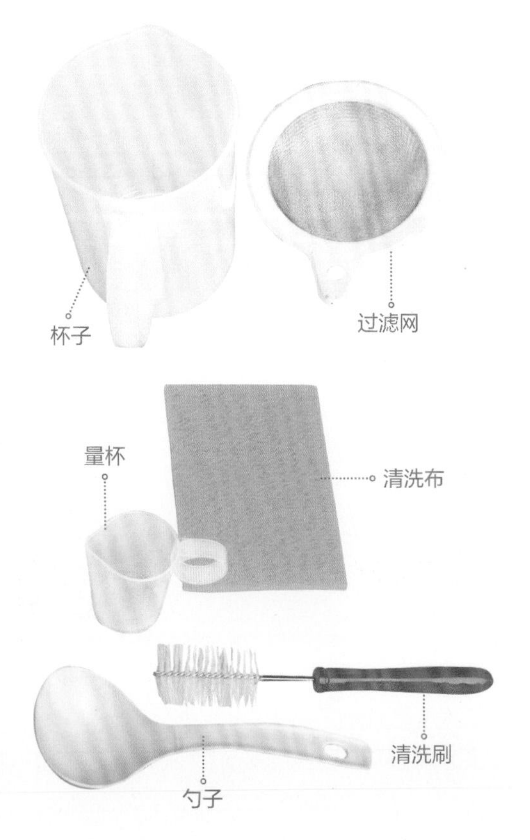

豆浆机的操作步骤

豆浆机的操作虽然算不上复杂，但是如果不正确使用的话，也会出现安全问题。如何按步骤正确、安全地使用豆浆机，显得尤为重要。

❶ 将机头从全自动豆浆机中取出。

❷ 将浸泡好的大豆等食材放入杯体内，加入适量清水至上、下水位线之间。

❸ 将机头按正确的位置放入豆浆机杯体中，插上电源线，豆浆机功能指示灯全亮。

❹ 启动豆浆机。

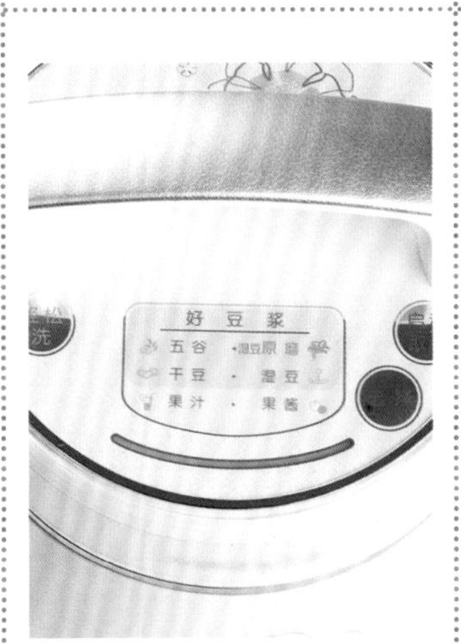

❺ 当豆浆机发出提示声后即提示豆浆已做好。

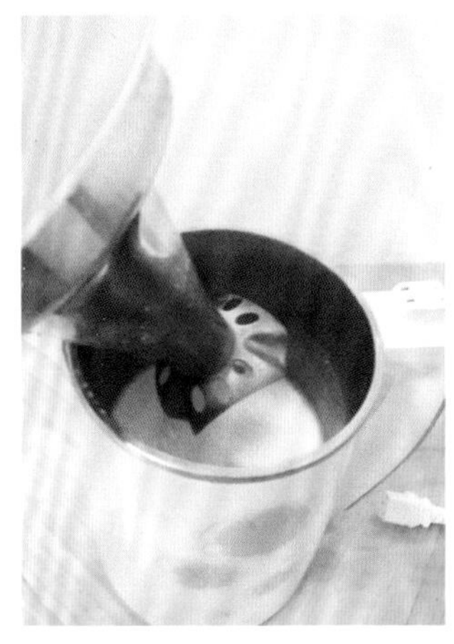

❻ 拔下电源插头，打开豆浆机，使用过滤网对豆浆进行过滤。

制作豆浆应注意的细节

随着生活水平的提高，人们越来越关注细节，有的细节与健康有关，有的细节与品位有关，还有的细节与文化有关。看似一碗普普通通的豆浆，也有不少需要关注的细节。

什么原料的豆浆更美味？

制作豆浆要选用上等的豆类，如选取黄豆时，可掺杂少量的黑豆，也可掺杂数枚花生，使豆浆口感更滑，味道也更香。

浸泡豆子有什么技巧？

豆子经过充分的浸泡才能打出口感细滑的豆浆，且能减少出渣率。豆子可浸泡10余个小时，当气温较高时，应放入冰箱或多换几次水，以避免细菌滋生。如果时间不够，可改用热水浸泡，使浸泡时间缩短。

豆浆机做的豆浆是否安全？

现在，家用豆浆机都是全自动的，非常方便。把泡好的豆子放进去，按几下按钮，不到20分钟，过滤一下，就可以喝豆浆了。豆浆机边搅碎边加热，故加热时间比较长，可以充分破坏大豆中天然存在的有毒皂素、植物凝血素等，不必担心因为加热不彻底而引起中毒。

“豆浆＋蜂蜜”符合健康要求吗？

豆子中几乎不含淀粉和蔗糖，所以豆浆毫无甜味，一般都加糖。如果担心日积月累地吃糖会发胖，那么可以换成蜂蜜。蜂蜜是天然糖，且以果糖为主，甜度高、用量少，更为健康。为减少对蜂蜜中活性物质的破坏，豆浆煮好后不要马上加蜂蜜，稍微放凉，喝之前再调入蜂蜜最好。

豆浆与牛奶是否相克？

有人习惯喝豆浆，有人喜欢喝牛奶，为了营养、口感互补，我们有时也把打好的豆浆与热好的牛奶混合饮用。这种混合方式常被某些热衷“食物相克”的人士反对，但实际上这种做法不但毫无害处，而且还因蛋白质互补提高了饮品的营养价值。

如何处理剩余豆浆？

如果做的豆浆太多，喝不完，但又不忍心浪费，可以用剩余的豆浆代替水蒸煮米饭，既给米饭增加了优质蛋白质，又能给全家人补充营养，而且米饭口感更好，黏度会略有增加，简直是一举数得。

豆渣可以食用吗？

豆浆能最大限度地保留原料中的水溶性有益成分，如大豆异黄酮、大豆皂苷、卵磷脂等。不过，因为要过滤豆渣，所以损失了较多膳食纤维。要想增加膳食纤维的摄入，最好吃豆渣。

如何识别豆浆的优劣

优质豆浆的标准是什么？如何鉴别优质豆浆和劣质豆浆？下面将为大家介绍决定豆浆优劣的四大关键指数：卫生指数、新鲜指数、浓度指数及煮熟度指数，它们能帮助我们鉴别豆浆的优劣。

优劣豆浆的关键指数

卫生指数

A. 操作人员的身体是否健康？

B. 豆子、水和器具是否干净？

C. 制浆场所环境卫生如何？有无蚊、蝇、鼠等传染源？

D. 制浆流程能否保障卫生？

浓度指数

A. 好豆浆应有股浓浓的豆香味，浓度高，略凉时表面有一层油皮，口感爽滑。

B. 劣质豆浆稀淡，有的使用添加剂和面粉来增强浓度，营养含量低，均质效果差，口感不好。

新鲜指数

A. 最好在豆浆做好后2小时内喝完，尤其是夏季，否则容易变质。

B. 最好是现做现喝，对新鲜度没把握的豆浆最好不要食用。

煮熟度指数

A. 生豆浆中含有皂毒素和抗胰蛋白酶等成分，不能被肠胃消化吸收，饮用后易发生恶心、呕吐、腹泻等症状。而豆浆充分煮熟后这些物质会被分解。

B. 豆浆用大火煮沸后要改以小火熬煮5分钟左右，彻底煮熟、煮透。

优劣豆浆鉴别法

看

即看外观。优质豆浆应为乳白略带黄色，做好后倒入碗中有黏稠感，略凉时表面有一层油皮。这样的豆浆浓度高、已彻底熟透。反之，则为劣质豆浆。

闻

即闻气味。优质豆浆有一股浓浓的豆香味；而劣质豆浆则有一股令人不舒服的豆腥味，喝了易导致腹泻、呕吐。

察

即察现象。用豆浆机做豆浆时，第一次碎豆后白浆很快溶入水中，直达杯体底部，说明豆子粉碎效果好、出浆率高，做出的豆浆浓度高。反之则做出的豆浆效果不佳。

品

即品口味。若喝起来豆香浓郁、口感爽滑，并略带一股淡淡的甜味，即为优质鲜豆浆。反之，若喝起来有煳味，口感不佳，有粗涩感，且味淡若水，则为劣质豆浆。

喝豆浆应提防的误区

豆浆含有丰富的植物蛋白，营养价值高，是防治高脂血症、高血压、动脉硬化等疾病的理想食品，日益受到人们的青睐。生活中很多人误以为喝了豆浆就能保健康。其实不然，下面介绍一些正确饮用豆浆的常识，告诉大家怎样喝豆浆才健康。

豆浆中不能冲入鸡蛋

在豆浆中冲入鸡蛋是一种错误的做法，因为蛋清会与豆浆里的胰蛋白结合产生不易被人体吸收的物质。

忌过量饮豆浆

一次不宜饮用过多豆浆，否则极易引起食物性蛋白质消化不良症。

做豆浆忌用干豆

豆子外层是一层不能被人体消化吸收的膳食纤维，它妨碍了大豆蛋白被人体吸收利用。做豆浆前先浸泡大豆，可使其外层软化，再经粉碎、过滤、充分加热后，可相对提高豆子营养的消化吸收率（可达90%以上，煮熟仅为65%）。此外，豆皮上往往附有一层脏物，若不经浸泡很难彻底洗干净。用干豆做出的豆浆在浓度、营养吸收率、口感、香味等方面都比不上浸泡后的豆子做出的豆浆。因此，提前浸泡好豆子，既可提高粉碎效果和出浆率，又卫生健康。

豆浆并非人人皆宜

由于豆浆是由豆子制成的，而豆子含嘌呤成分很高，且属于寒性食物，消化不良、嗝气和肾功能不好的人，最好少喝豆浆。豆浆在酶的作用下能产气，所以腹胀、腹泻的人最好别喝豆浆。急性胃炎和慢性浅表性胃炎者也不宜饮用豆制饮品，以免刺激胃酸过多分泌加重病情，或者引起胃肠胀气。

不要空腹饮豆浆

很多人喜欢空腹喝豆浆，其实这是错误的做法。如果空腹喝豆浆，豆浆里的蛋白质大都会在人体内转化为热量而被消耗掉，不能充分起到补益的作用。饮豆浆的同时吃些面包、糕点、馒头等淀粉类食品，可使豆浆中的蛋白质等在淀粉的作用下，与胃液较充分地发生酶解，使营养物质充分被吸收。

不要饮未煮熟的豆浆

生豆浆里含有皂素、胰蛋白酶抑制物等有害物质，未煮熟就饮用，会引起中毒。豆浆不但要煮开，而且在煮豆浆时还必须要敞开锅盖，这是因为只有敞开锅盖才可以让豆浆里的有害物质随着水蒸气挥发掉。

豆浆不能与药物同饮

豆浆一定不要与红霉素等抗生素一起服用，因为二者会发生拮抗化学反应。喝豆浆与服用抗生素最好间隔1个小时以上。

长期食用豆浆的人不要忘记补充微量元素锌。因为豆类中含有抑制剂、皂角素和外源凝集素，这些都是对人体不利的物质。多增加微量元素锌有利于人体健康。

不要用豆浆代替牛奶喂婴儿

豆浆比牛奶蛋白质含量高，铁质是牛奶的5倍，但脂肪不及牛奶的30%，钙质只有牛奶的20%，磷质约为牛奶的25%，所以不宜用它直接代替牛奶喂养婴儿。

豆浆忌加入红糖

豆浆里不能加红糖，因为红糖里有机酸较多，会与豆浆里的蛋白质和钙质结合产生变性物及醋酸钙、乳酸钙等块状物，不容易被人体吸收，但白糖就不会有这种现象。

忌用保温瓶贮存豆浆

豆浆最好是现打现喝，如果实在喝不完，可以装起来放冰箱。有人喜欢用暖瓶盛豆浆来保温，这种方法不可取，把豆浆装在保温瓶内，会使瓶里的细菌在温度适宜的条件下，以豆浆作为养料而大量繁殖，这样豆浆会酸坏变质。豆浆里的皂毒素还能够溶解暖瓶里的水垢，喝了这样的豆浆会危害人体健康。

不宜用泡豆的水直接做豆浆

有的人为了图省事，将豆子清洗后放在豆浆机杯体中浸泡，并直接用泡豆的水做豆浆。这种做法有失妥当。大家都知道，大豆浸泡一段时间后，水色会变黄，水面浮现很多水泡，这是因为大豆碱性大，经浸泡后发酵所致。尤其是夏天，更容易产生异味、变质、滋生细菌。用泡豆水做出的豆浆不仅有碱味、不鲜美，而且也不卫生，人喝了以后有损健康，可能导致腹痛、腹泻、呕吐。因此，大豆浸泡后做豆浆前一定要先用清水清洗几遍，清除掉黄色碱水，之后再换上清水制作。这既是做出好口味豆浆的前提，也是卫生和健康的保证。

一杯鲜豆浆，天天保健康

豆浆具有神奇的保健功效，对各个年龄阶段、性别的人群都适宜：对老年人有养生保健的功效，对女性有美肤养颜的作用，对青少年儿童有健脑益智的功效。正所谓“一杯鲜豆浆，天天保健康”。

豆浆对老年人的保健功效

改善心脑血管

心脑血管疾病被称为人类健康的“第一杀手”。常饮鲜豆浆可维持身体的营养平衡，并且全面调节内分泌系统，分解多余脂肪，降低血压、血脂，减轻心血管负担，增加心脏活力，优化血液循环，保护心血管，所以科学家称豆浆为“心血管保健液”。

促进钙的吸收

骨质疏松是老年人的常见疾病。大豆制品对促进骨骼健康具有潜在作用。骨骼中主要的矿物质是钙，钙也是骨骼中最容易缺乏的营养素之一。大豆所含的钙优于其他食品，大豆蛋白与大豆异黄酮能促进和改善钙的新陈代谢，从而生成新的骨细胞，防止钙的丢失。豆浆中钙的含量较多，多喝豆浆有助于防止骨质疏松症、强壮骨骼，特别是中老年朋友，在日常饮食中，每天喝一杯豆浆，能有效改善钙吸收，使身体更硬朗。

有助于控制血糖

糖尿病是一种比较常见的内分泌代谢疾病，主要是由于体内胰岛素的绝对或相对缺乏引起的糖代谢紊乱，主要的临床表现是多饮、多食、多尿、疲乏、消瘦、尿糖及血糖增高。豆浆等大豆制品是糖尿病患者极其宝贵的食物，因为大豆富含水溶性纤维，有助于控制血糖。

增强抵抗力

老年人身体虚弱，抵抗力差，是心血管等疾病的高发群体。老年人的吸收功能相对较弱，流体食物相对容易消化吸收，所以豆浆对老年人的养生保健尤为重要。

豆浆可称得上地地道道的健康长寿食品。它不含胆固醇，而蛋白质的含量又可以与牛奶媲美，并且是极易被人体吸收的优质植物蛋白，豆浆含有的丰富赖氨酸，更有利于提高植物蛋白的营养价值。

每天饮用一杯豆浆，还能起到平补肝肾、防老抗癌、强化大脑、增强免疫力的作用。

豆浆对女性的保健功效

美肤养颜

女性的青春靓丽与否与雌激素的含量密切相关，雌激素赋予了女性第二性征，使女性皮肤柔嫩、细腻。随着雌激素分泌的减少，女性皮肤会渐渐失去以往的光泽和弹性，出现皱纹。女性要想青春永驻，就得想办法保住逐渐减少乃至消失的雌激素。豆浆含有一种牛奶所没有的植物雌激素“黄豆苷原”，该物质可调节女性内分泌系统的功能，每天喝300～500毫升的鲜豆浆，可明显改善女性身体素质，延缓皮肤衰老，使皮肤细白光洁，富有弹性，达到养颜美容的目的。

改善女性更年期综合征

在妇女绝经前后，容易出现潮热、夜汗、情绪波动大、疲劳、晕眩、焦虑、心悸失眠、骨质疏松等症状，这被称为更年期综合征，主要是由于雌激素和孕激素的减少造成的。治疗更年期综合征可以采用补充雌激素的“激素替代疗法”。豆浆含有一种非常有益的植物雌激素——大豆异黄酮，可起到减轻妇女更年期综合征症状的作用，且没有副作用。

豆浆对青少年的保健功效

健脑益智

豆浆富含蛋白质、维生素、钙、锌等物质，卵磷脂、维生素E的含量尤其高，可以改善大脑的供血供氧，提高大脑记忆力和思维能力。卵磷脂中的胆碱在体内可生成一种重要的神经递质——乙酰胆碱，该物质与认知、记忆、运动、感觉等功能有关，即人脑中各种神经细胞之间必须依靠乙酰胆碱来传递信息。卵磷脂是构成脑神经组织和脑脊髓的主要成分，有很强的健脑作用，同时也是脑细胞和细胞膜所必需的原料，并能促进细胞的新生和发育。青少年常喝豆浆，可补充因学习紧张而大量消耗的脑细胞，显著增强记忆力，提高学习效率。

促进生长发育

豆类含有较多的维生素和矿物质，其中以胡萝卜素、维生素B_1、维生素B_2和钙、磷、铁、钠等的含量最为丰富。这些物质对于维持机体的正常生理功能和儿童的生长发育具有重要作用。人体对豆浆中铁的消化吸收率较高，故豆浆是贫血患者的极佳饮品。

原味豆浆

原味豆浆是豆浆中味道最浓香、口感最滑腻的。只用一种豆子制作的豆浆，能在最大限度上展现特殊的口感和针对性的功效，给人最经典、最地道的纯正享受。

美容养颜

青豆豆浆

材料

青豆（或嫩黄豆）70克，白糖适量。

宜 √ 女性常饮此豆浆，可使皮肤细嫩、白皙。

忌 × 肝病、肾病、痛风者禁食青豆。

做法

1. 青豆洗净。
2. 将青豆放入全自动豆浆机中，加水，启动豆浆机，将原料搅打成浆，并煮沸。
3. 将豆浆过滤，依个人口味加入白糖调匀即可。

特别提示

在食用青豆时应将其煮熟、煮透，若青豆半生不熟时食用，常会引起恶心、呕吐等症状。

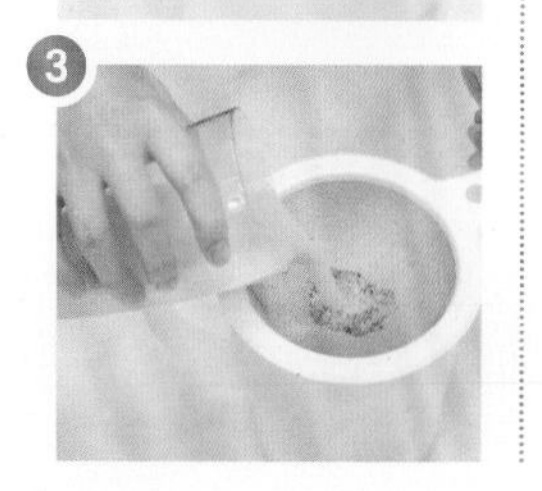

养心润肺

红豆豆浆

材料

红豆65克,白糖适量。

做法

1. 红豆加水浸泡7小时，捞出洗净。
2. 将泡软的红豆放入全自动豆浆机中，添适量清水搅打成豆浆，煮沸。
3. 过滤，加入适量白糖调匀即可。

特别提示

红豆色泽越深表明含铁量越多。红豆不宜同咸味较重的食物一同食用。

宜 √ 红豆富含铁质，女性多食能使气色红润。

忌 × 小便频数者应少喝此豆浆。

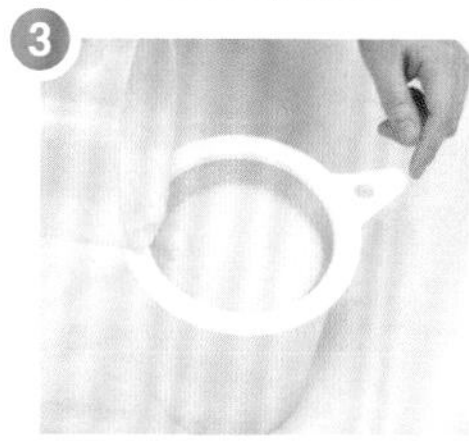

抵抗衰老

黄豆豆浆

材料

黄豆 75 克，白糖适量。

做法

1. 黄豆加水浸泡 6 ~ 16 小时，洗净备用。
2. 将泡好的黄豆装入豆浆机中，加适量清水，搅打成豆浆，煮沸。
3. 将煮好的豆浆过滤，加入白糖调匀即可。

特别提示

黄豆应充分浸泡，这样可提高出浆率，在保证细腻口感的同时减少豆子对豆浆机的磨损。

宜 √ 黄豆能降低血脂，高脂血症者应多饮此豆浆。

忌 × 黄豆性偏寒，胃寒者和脾虚者不宜多饮。

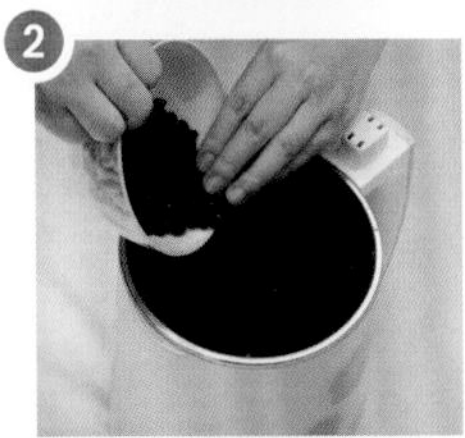

利尿消肿

黑豆豆浆

材料

黑豆70克,白糖适量。

做法

1. 黑豆加水泡至发软，捞出洗净。
2. 将泡好的黑豆放入全自动豆浆机中，添适量清水搅打成豆浆，煮沸。
3. 过滤豆浆，加入适量白糖调匀即可。

特别提示

黑豆分绿心豆和黄心豆，中医认为，绿心黑豆比黄心黑豆的营养价值要高。

宜 √ 老年人饮用黑豆豆浆能补肾虚。

忌 × 黑豆不易消化，肠胃功能不良者忌食。

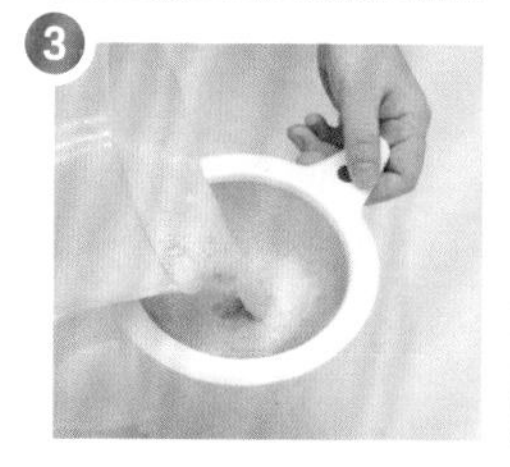

清热解渴

绿豆豆浆

材料

绿豆80克,白糖适量。

做法

❶ 绿豆加水浸泡6～16小时，洗净备用。

❷ 将泡好的绿豆装入豆浆机中，加适量清水，搅打成豆浆，煮沸。

❸ 将煮好的豆浆过滤，加入白糖调匀即可。

特别提示

绿豆忌与鲤鱼、榧子、狗肉同食。服补药时不要吃绿豆，以免降低药效。

宜 √ 暑热烦渴者饮用此豆浆可缓解症状。

忌 × 绿豆性寒，脾胃虚弱、胃肠炎者忌食。

五谷豆浆

五谷豆浆不仅营养非常丰富，且易于消化吸收。其所含的钙，虽不及豆腐，但优于其他乳类。

健脾养胃

小米红豆浆

材料

红豆 50 克，小米 30 克。

宜 √ 红豆润肠通便，便秘者可多食用。

忌 × 红豆忌与羊肉同食。

做法

❶ 红豆、小米分别淘洗干净，浸泡至软。

❷ 将红豆、小米一同放入全自动豆浆机中，添水搅打成豆浆，并煮沸。

❸ 将煮熟的豆浆滤出，装杯即成。

特别提示

豆粒完整、颜色深红、大小均匀、紧实薄皮的红豆为佳品。

健脾补肾

小米豌豆浆

材料

豌豆 40 克，小米 30 克。

做法

1. 豌豆加水泡至发软，捞出洗净；小米淘洗干净，用清水浸泡 2 小时。
2. 将泡好的豌豆和小米放入豆浆机中，添加适量清水搅打成豆浆，并煮沸，过滤后即可饮用。

特别提示

此豆浆有天然的清甜味，不用加糖，适宜各类人群食用。

宜 √ 哺乳期女性多吃豌豆可促进乳汁分泌。

忌 × 消化不良、腹胀者忌食豌豆。

消食健胃 促进吸收

三米麦仁酸奶豆浆

材料

黄豆 30 克，大米、小米、小麦仁、玉米渣共 30 克，酸奶 100 毫升。

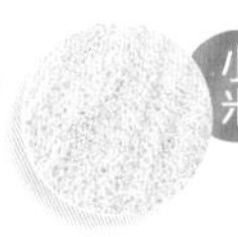

做法

1. 黄豆加水泡至发软，洗净；大米、小米、小麦仁、玉米渣均洗净。
2. 将上述材料放入豆浆机中，添水搅打成豆浆，并煮沸。
3. 过滤晾凉，加酸奶搅拌均匀即可。

宜 √ 便秘者食用酸奶可缓解症状。

忌 × 腹泻者忌喝酸奶，否则会加重病情。

安神益心

糯米豆浆

材料

黄豆 40 克，糯米 30 克，白糖适量。

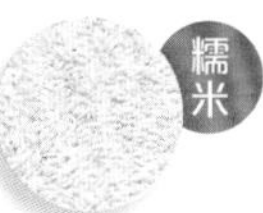

做法

1. 黄豆加水泡软，洗净；糯米淘洗干净，浸泡 2 小时。
2. 将黄豆、糯米倒入豆浆机中，加水搅打成浆，并煮沸。
3. 滤出豆浆，加入白糖拌匀即可。

宜 √ 糯米养胃，腹泻者食之可缓解症状。

忌 × 糯米不易消化，老人、小孩应少食。

降压降脂

荞麦豆浆

材料

黄豆 50 克，荞麦 40 克。

做法

1. 黄豆泡软，捞出洗净；荞麦淘洗干净，用清水浸泡 2 小时。
2. 将黄豆、荞麦放入豆浆机中，加水至上、下水位线之间。
3. 搅打成豆浆，煮沸后滤出即可。

宜 √ 儿童饮用此豆浆能增强免疫力。

忌 × 消化功能不佳者不宜饮用此豆浆。

降低血脂

荞麦米豆浆

材料

黄豆 50 克，大米、荞麦各 25 克。

做法

❶ 黄豆泡软，捞出洗净；大米、荞麦淘洗干净，用清水浸泡 2 小时。

❷ 将泡洗好的原材料放入豆浆机中，加入适量水，搅打成豆浆。

❸ 煮沸后滤出即可。

特别提示

荞麦以颗粒完整、形状饱满、褐色为佳。

宜 √ 此豆浆适宜肠胃积滞者饮用。

忌 × 荞麦忌与海带同食。

降低血糖

玉米豆浆

材料

黄豆、玉米粒各 50 克。

做法

❶ 黄豆用清水浸泡 4 小时，捞出洗净；玉米粒洗净。

❷ 将泡好的黄豆、玉米粒放豆浆机中，添水搅打成豆浆，并煮沸。

❸ 滤出豆浆即可饮用。

宜 √ 此豆浆对心脑血管疾病患者有益。

忌 × 喝完此豆浆后不宜喝可乐。

润燥滑肠

青麦豆浆

材料

黄豆、青豆各 30 克，燕麦 20 克。

做法

❶ 黄豆、青豆分别洗净，用清水泡软；燕麦洗净泡软备用。

❷ 将上述材料放入豆浆机中，加适量水搅打成豆浆，煮沸后滤出即可。

特别提示

选购青豆时，颜色越绿，其所含的叶绿素越多，品质越好。

宜 √ 女性饮用此豆浆能延缓衰老。

忌 × 青豆性偏寒，胃寒者应少食。

减肥瘦身

燕麦豆浆

材料

黄豆 50 克，燕麦米 40 克。

做法

❶ 黄豆洗净，用清水泡至发软；燕麦米淘洗干净。

❷ 将黄豆、燕麦放入豆浆机中，加适量水搅打成豆浆，煮沸后滤出即可。

特别提示

燕麦一次不宜吃太多，否则会造成胃痉挛或胀气。

宜 √ 燕麦易有饱足感，很适合瘦身者食用。

忌 × 孕妇忌食燕麦，否则对胎儿不利。

抑制血糖

燕麦小米豆浆

材料

黄豆、燕麦、小米各 30 克，白糖 3 克。

做法

1. 黄豆、小米用水泡软，捞出洗净；燕麦洗净。
2. 将上述材料放入豆浆机中，加适量水搅打成豆浆，并煮沸。
3. 滤出豆浆，加白糖拌匀即可。

特别提示

燕麦以浅土褐色、外观完整、散发清淡香味者为佳。

宜	√ 失眠者饮用此豆浆，能改善症状。
忌	× 小米忌与杏子同食。

保肝护肾

板栗燕麦豆浆

材料

黄豆 50 克，板栗 25 克，速溶燕麦片 15 克，白糖适量。

做法

1. 黄豆加水泡至发软，捞出洗净；板栗去壳，洗净切小块。
2. 将黄豆、板栗放入全自动豆浆机中，加水搅打成浆，煮沸。
3. 过滤后趁热冲入燕麦片，调入白糖即可。

宜	√ 板栗对心脏病有较好的食疗功效。
忌	× 消化不良者忌食板栗。

蔬果豆浆

在豆浆中加入不同的蔬菜、水果等材料，不但可以丰富口感，还可以满足不同的营养需求。

安神润肺

百合豆浆

材料

鲜百合 30 克，黄豆 80 克，白糖少许。

宜 √ 老年人饮用此豆浆，可养心润肺。

忌 × 百合性偏凉，风寒咳嗽者不宜饮用。

做法

1. 黄豆加水泡至发软，捞出洗净；鲜百合洗净备用。
2. 将上述材料放入豆浆机中，添水搅打成豆浆，煮沸后滤出豆浆，趁热加入白糖拌匀即可。

特别提示

此豆浆尤其适宜秋季食用。

清热利湿

白萝卜冬瓜豆浆

材料

白萝卜、冬瓜各 15 克，黄豆 100 克，盐 1 克。

做法

❶ 将白萝卜、冬瓜洗净，均去皮切丁；黄豆用清水浸泡 6 小时，洗净沥干。

❷ 将上述材料放入豆浆机中，添水搅打成豆浆，煮沸后滤出豆浆，加盐拌匀即可。

特别提示

白萝卜种类繁多，生吃或榨豆浆以汁多辣味少者为好。

宜 √ 咳嗽痰多及身有余热者宜喝此豆浆。

忌 × 白萝卜性凉，腹泻者慎食。

生津润燥

雪梨豆浆

材料

雪梨 1 个，黄豆 60 克，白糖 5 克。

做法

❶ 雪梨洗净去皮去核，切成小碎丁；黄豆加水泡至发软，捞出洗净。

❷ 将上述材料放入豆浆机中，添水搅打成豆浆。

❸ 煮沸后滤出豆浆，趁热加入白糖拌匀即可饮用。

宜 √ 此豆浆适合经常使用嗓子的人饮用。

忌 × 雪梨不宜与芥菜同食。

滋养脾胃

桂圆山药豆浆

材料

桂圆 20 克，黄豆 60 克，山药、冰糖各 10 克。

做法

❶ 桂圆去壳，去核，洗净；黄豆加水泡至发软，捞出洗净；山药洗净切丁。

❷ 将上述材料放入豆浆机中，添水搅打成豆浆，煮沸后滤出豆浆，趁热加入冰糖拌匀即可。

特别提示

山药宜去皮食用，以免产生麻、刺等异常口感。

宜 √ 老年人食用桂圆，能防止血管硬化。

忌 × 桂圆属温热食物，上火、发炎者忌食。

滋养肌肤

山药米豆浆

材料

山药 30 克，大米 20 克，黄豆 60 克，冰糖适量。

做法

❶ 山药去皮洗净，切小碎丁；黄豆浸泡 10 小时，捞出洗净；大米洗净泡软。

❷ 将山药、大米、黄豆放入豆浆机中，加水搅打成浆，煮沸后滤出豆浆，加入冰糖拌匀即可。

特别提示

山药去皮后放入盐水中浸泡可防氧化。

宜 √ 虚弱、疲劳者食用山药，可增强免疫力。

忌 × 山药有收涩作用，故大便燥结者忌食。

益肺止咳

芦笋山药豆浆

材料

芦笋 20 克，山药 15 克，黄豆、白糖各适量。

做法

1. 黄豆加水泡至发软，捞出洗净；将芦笋洗净，焯水后切小丁；山药去皮洗净，切小碎丁。
2. 将上述材料放入豆浆机中，添水搅打成豆浆。煮沸后滤出，加白糖拌匀即可。

特别提示

好的山药断层雪白且黏液多。

宜 √ 此豆浆适用于虚劳咳嗽患者。

忌 × 芦笋不宜与香蕉同食。

清热解毒

荷叶豆浆

材料

荷叶 10 克，黄豆 60 克，白糖 5 克。

做法

1. 黄豆加水泡至发软，捞出洗净；荷叶洗净撕小片备用。
2. 将荷叶、黄豆放入豆浆机中，添水搅打成豆浆，煮沸后滤出，加入白糖调味即可。

特别提示

荷叶宜存于干燥通风处。

宜 √ 此豆浆适宜产后血晕的妇女饮用。

忌 × 气血虚弱者慎饮此豆浆。

美容养颜

芹枣豆浆

材料

西芹15克，红枣4颗，黄豆60克，冰糖适量。

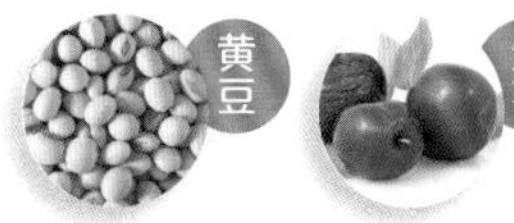

西芹

做法

1. 西芹洗净，切碎；红枣去核洗净，切碎；黄豆浸泡10小时，洗净备用。
2. 将西芹、红枣、黄豆放入豆浆机中，添水搅打成豆浆，并煮沸。
3. 滤出豆浆，加入冰糖拌匀即可。

特别提示

可根据个人口味加入少许盐调味。

宜 √ 红枣能养血安神，很适宜贫血者食用。

忌 × 成年痰多者忌食红枣，以免助火生痰。

滋润肌肤

猕猴桃豆浆

材料

黄豆50克，猕猴桃1个，冰糖10克。

做法

1. 黄豆加水浸泡4小时泡至发软，捞出洗净；猕猴桃去皮，切成小丁备用。
2. 将上述材料放豆浆机中，添水搅打成豆浆，煮沸。滤出豆浆，趁热加入冰糖拌匀即可。

特别提示

猕猴桃有解热、助消化的作用，食之能预防便秘和痔疮。

宜 √ 此豆浆清心安神适宜情绪焦躁者饮用。

忌 × 猕猴桃性寒，月经过多和尿频者忌食。

减脂醒脑

玉米苹果豆浆

材料

玉米粒 30 克，苹果 30 克，黄豆 60 克，冰糖 10 克。

做法

1. 玉米粒洗净；苹果洗净，去皮，切碎丁；黄豆浸泡 12 小时，洗净。
2. 将玉米、苹果、黄豆放入豆浆机中，加水搅打成玉米豆浆，煮沸后滤出豆浆，加入冰糖拌匀即可。

特别提示

削皮苹果应放入凉水浸泡，防止氧化变黑。

宜 √ 此豆浆适宜气滞不通患者饮用。

忌 × 苹果不宜与海鲜同食。

清热润肺

雪梨米豆浆

材料

黑豆 60 克，雪梨 1 个，大米 30 克。

做法

1. 黑豆用清水浸泡 6 小时，捞出洗净；大米淘洗净，泡软；雪梨洗净，去皮去核切小丁。
2. 将上述材料放入豆浆机中，添水搅打成豆浆，煮沸后滤出豆浆即可。

特别提示

大米最好用清水浸泡 2 小时。

宜 √ 雪梨适合咽红肿痛者食用。

忌 × 黑豆不宜与柿子同食。

排毒瘦身

西芹芦笋豆浆

材料

西芹15克，芦笋20克，黄豆80克，白糖少许。

做法

❶ 将西芹洗净，切小丁；芦笋洗净，焯水，切小碎丁；黄豆浸泡至软，洗净。

❷ 将上述材料放入豆浆机中，添水搅打成豆浆，煮沸后滤出豆浆加白糖拌匀即可。

特别提示

放置过久的西芹不宜制作此豆浆，否则影响口感。

宜 √ 西芹含铁量高，女性食之可使面色红润。

忌 × 西芹有降压的作用，故低血压者忌食。

滋养肌肤

木瓜豆浆

材料

黄豆80克，木瓜1个，白糖少许。

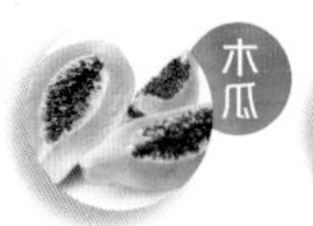

做法

❶ 黄豆加水泡至发软，捞出洗净；木瓜去皮去子，洗净后切成小碎丁。

❷ 将黄豆、木瓜放入豆浆机中，添水搅打成木瓜豆浆，煮沸后滤出豆浆，趁热加入白糖拌匀即可。

特别提示

要选择果皮无黑斑、颜色靓丽、瓜肚大的木瓜。

宜 √ 女性饮用此豆浆，能美容养颜。

忌 × 木瓜含有番木瓜碱，过敏体质者忌食。

清热排毒

芦笋绿豆浆

材料

芦笋 100 克，绿豆 50 克。

做法

1. 芦笋洗净，用沸水焯水，沥干切成小丁；绿豆加水泡至发软，洗净。
2. 将芦笋、绿豆放入豆浆机中，添水搅打成豆浆，煮沸后滤出豆浆即可。

特别提示

要选择肉质洁白、质地细嫩的新鲜芦笋。

宜 √ 此豆浆对心脑血管有益。

忌 × 痛风病患者不宜多食芦笋。

帮助消化

菠萝豆浆

材料

菠萝 50 克，黄豆 40 克，白糖 6 克。

做法

1. 黄豆加水浸泡 3 小时，洗净沥干；菠萝去皮，切成小碎丁。
2. 将上述材料放入豆浆机中，添水搅打成豆浆，煮沸后滤出，趁热加入白糖拌匀即可。

特别提示

菠萝肉最好用淡盐水浸渍。

宜 √ 身热烦渴者适合饮用此豆浆。

忌 × 对菠萝过敏者慎饮此豆浆。

健脾和胃

土豆豆浆

材料

土豆 50 克，黄豆 100 克。

做法

❶ 将土豆洗净，去皮，切成小碎丁；黄豆加水泡至发软，捞出洗净。

❷ 将土豆和黄豆放入豆浆机中，加水搅打成豆浆，煮沸后滤出豆浆即可。

特别提示

应选表皮光滑、无发绿、没有发芽的土豆。

宜 √ 肥胖者多食用土豆可达到瘦身的效果。

忌 × 土豆中的生物碱易致畸，故孕妇慎食。

降低血脂

青葱燕麦豆浆

材料

青葱 10 克，燕麦片 20 克，黄豆 100 克，白糖 10 克。

做法

❶ 将青葱洗净，切碎；黄豆浸泡 12 小时，洗净；燕麦片洗净。

❷ 将青葱、燕麦、黄豆放入豆浆机中，添水搅打成豆浆，煮沸后滤出豆浆，加入白糖拌匀即可。

宜 √ 胃口不佳者食用青葱可促进食欲。

忌 × 有腋臭者忌饮此豆浆，否则会加重病情。

解暑祛火

西瓜豆浆

材料

西瓜 60 克，黄豆 50 克，冰糖适量。

做法

❶ 西瓜去皮、去子后将瓜瓤切成碎丁；黄豆加水泡至发软，捞出洗净。

❷ 将上述材料放入豆浆机中，添水搅打成豆浆，煮沸后滤出豆浆，趁热加入冰糖拌匀即可。

特别提示

成熟的西瓜，用手敲起来会发出比较沉闷的声音。

宜 ✓ 此豆浆对热病烦渴者有好处。

忌 × 西瓜忌与山竹同食。

美容安神

雪梨猕猴桃豆浆

材料

雪梨50克，黄豆40克，猕猴桃50克，白糖6克。

做法

❶ 雪梨洗净，去皮去核，切小碎丁；猕猴桃去皮，切丁；黄豆加水泡至发软，捞出洗净。

❷ 将雪梨、猕猴桃和黄豆放入豆浆机中，添水搅打成豆浆，煮沸后滤出豆浆，趁热加入白糖拌匀即可。

特别提示

猕猴桃需挑头尖的。

宜 ✓ 此豆浆对心情烦闷有缓解作用。

忌 × 腹泻者不宜饮用此豆浆。

润肤美白

香橙豆浆

材料

橙子1个，黄豆50克，白糖10克。

做法

1. 橙子去皮、去子后切碎；黄豆加水浸泡3小时，捞出洗净。
2. 将上述材料放入豆浆机中，添水搅打成香橙豆浆，煮沸后滤出豆浆，趁热加入白糖拌匀即可。

宜 √ 女性吃橙子可增加皮肤弹性，减少皱纹。

忌 × 空腹时不宜饮用此豆浆，否则会刺激胃。

健脾养胃

山药双豆豆浆

材料

山药25克，青豆40克，黄豆50克，冰糖10克。

做法

1. 山药去皮洗净，切碎；黄豆浸泡12小时，洗净；青豆洗净备用。
2. 将山药、青豆和黄豆放入豆浆机中，添水搅打成豆浆，煮沸后滤出豆浆，加冰糖拌匀即可。

特别提示

青豆的颜色越绿，所含的叶绿素越多，品质越好。

宜 √ 脑力劳动者食用青豆，可缓解脑疲劳。

忌 × 肾病、痛风等患者忌饮此豆浆。

养阴生津

苹果水蜜桃豆浆

材料

苹果1个，水蜜桃1个，黄豆60克，白糖少许。

做法

1. 苹果、水蜜桃均去皮去核，洗净后切小丁；黄豆泡发至软，捞出洗净。
2. 将苹果、水蜜桃、黄豆放入豆浆机中，加水搅打成豆浆，煮沸后滤出豆浆，趁热加入白糖拌匀即可。

宜 √ 此豆浆对肝热血瘀者有益。

忌 × 糖尿病患者不宜饮用此豆浆。

补气养血

香桃豆浆

材料

黄豆50克，桃子40克，白糖少许。

做法

1. 黄豆加水浸泡3小时，捞出洗净；桃子洗净去皮、去核。
2. 将上述材料放入豆浆机中，添水搅打成豆浆，煮沸后滤出豆浆，趁热加入白糖拌匀即可。

特别提示

要选择颜色均匀、形状完好、表皮光滑的桃子。

宜 √ 此豆浆对女性闭经有一定食疗功效。

忌 × 桃子忌与猪肝同食。

减脂醒脑

苹果豆浆

材料

苹果1个，黄豆60克，白糖5克。

做法

1. 将黄豆加水泡至发软，捞出洗净；苹果洗净，去皮、去核，切碎丁。
2. 将上述材料放入豆浆机中，添水搅打成豆浆，并煮熟。滤出豆浆，趁热加入白糖拌匀即可。

特别提示

选购苹果时，以色泽红艳、果皮上有一层薄霜者为佳。

宜	√ 食用苹果可促进消化。
忌	× 脾胃虚寒者禁饮此豆浆，否则伤脾胃。

养心润肺

百合红豆浆

材料

鲜百合10克，红豆80克。

做法

1. 鲜百合洗净备用；红豆浸泡6小时，捞出洗净。
2. 将上述材料放入豆浆机中，添水搅打成豆浆，最后滤出豆浆即可。

特别提示

要选择新鲜、没有变色的百合。

宜	√ 秋季饮用此豆浆，能清心、润肺。
忌	× 百合性偏凉，风寒咳嗽、脾虚者忌食。

抵抗氧化

哈密瓜豆浆

材料

哈密瓜 50 克，黄豆 50 克，白糖少许。

黄豆

白糖

哈密瓜

宜 √ 此豆浆对便秘、咳嗽患者有益。

忌 × 糖尿病患者及胃寒之人忌食哈密瓜。

做法

1. 黄豆加水泡至发软，捞出洗净；哈密瓜去皮、去子，洗净切小块。
2. 将上述材料放入豆浆机中，添水搅打成豆浆，并煮熟。
3. 滤出豆浆，趁热加入白糖拌匀即可。

特别提示

搬动哈密瓜时应轻拿轻放，不要碰伤瓜皮。

美容养颜

百合荸荠梨豆浆

材料

鲜百合 10 克，荸荠 20 克，雪梨、黄豆各适量。

做法

❶ 鲜百合洗净，沥干；荸荠去皮洗净，切碎丁；雪梨洗净去皮去核，切碎丁；黄豆浸泡 12 小时，洗净。

❷ 将所有原材料放入豆浆机中，加水搅打成豆浆，煮沸后滤出即可。

特别提示

荸荠是水生蔬菜，极易受到污染，应彻底清洗干净再制作。

宜	√ 儿童食用荸荠，有助于牙齿的发育。
忌	× 荸荠属生冷食物，脾肾虚寒者忌食。

健脾养胃

山楂豆浆

材料

山楂 60 克，黄豆 50 克，白糖 10 克。

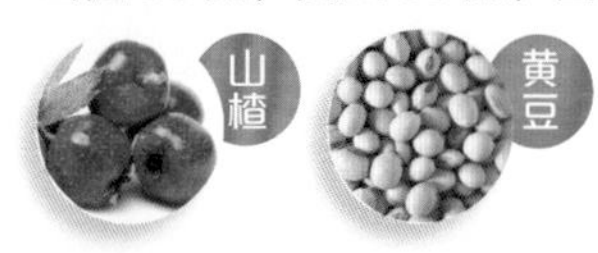

做法

❶ 黄豆加水浸泡 5 小时，洗净沥干；山楂洗净，去皮、去核，切成小碎丁。

❷ 将黄豆和山楂放入豆浆机中，加水搅打成豆浆，煮沸后滤出，趁热加入白糖拌匀即可。

特别提示

山楂以个儿大、皮红、肉厚、核少者为佳。

宜	√ 山楂能强心，对老年性心脏病很有益。
忌	× 山楂可刺激子宫收缩，故孕妇不宜食用。

清热解毒

杂果豆浆

材料

木瓜、橙子、苹果、黄豆、白糖各适量。

做法

1. 木瓜、橙子、苹果均去皮、去子，洗净切小丁；黄豆加水浸泡 6 小时，捞出洗净。
2. 将所有原材料放入豆浆机中，加水搅打成豆浆，煮沸后滤出，加白糖拌匀即可。

特别提示

水果可根据个人口味搭配。

宜 ✓ 此豆浆对慢性萎缩性胃炎患者有益。

忌 × 孕妇及过敏体质者慎食木瓜。

增强免疫

火龙果豆浆

材料

黄豆 100 克，火龙果 1 个，白糖 5 克。

做法

1. 黄豆加水浸泡 5 小时，捞出洗净；火龙果切开，挖出果肉切小块。
2. 将黄豆、火龙果果肉放入豆浆机中，添水搅打成豆浆，煮沸后滤出，加入白糖拌匀即可饮用。

特别提示

火龙果是热带水果，最好现买现吃。

宜 ✓ 此豆浆对贫血患者有益。

忌 × 糖尿病患者慎食火龙果。

护肝养肝

玉米葡萄豆浆

材料

玉米粒30克，葡萄20克，黄豆100克，白糖少许。

做法

1. 玉米粒洗净；葡萄洗净，去皮、去子；黄豆浸泡10小时，洗净。
2. 将玉米粒、葡萄、黄豆放入豆浆机中，添水搅打成豆浆，煮沸后滤出，加白糖搅匀即可。

特别提示

因葡萄糖分高，故糖尿病患者不宜过多饮用这款豆浆。

宜	√ 玉米中含有谷氨酸，儿童食之能健脑。
忌	× 此豆浆含糖量较高，糖尿病患者忌饮。

消热解毒

香蕉草莓豆浆

材料

香蕉1个，草莓5颗，黄豆100克，白糖5克。

做法

1. 香蕉去皮，切小块；草莓洗净，切小块；黄豆浸泡10小时，捞出洗净。
2. 将香蕉、草莓和黄豆放入豆浆机中，添水搅打成豆浆，煮沸后滤出，加入白糖拌匀，待凉后放入冰箱中冰镇半小时，口味更佳。

特别提示

没有黑斑的香蕉口感更好。

宜	√ 香蕉清热解毒，尤其适宜便秘者食用。
忌	× 脾虚者忌饮此豆浆，以免引起胃肠不适。

养颜美容

蜜柚豆浆

材料

黄豆 50 克，柚子 60 克，白糖少许。

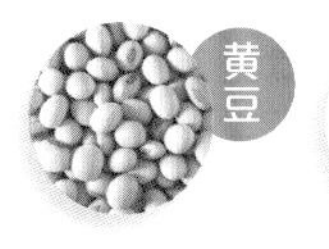

做法

❶ 黄豆加水泡至发软，捞出洗净；柚子去皮、去子，将果肉切碎丁。

❷ 将上述材料放入豆浆机中，加水搅打成豆浆，煮沸后滤出豆浆，加入白糖拌匀即可。

特别提示

味道太苦的柚子不宜食用，更不适合用来做饮料。

宜 √ 此豆浆对慢性支气管炎患者有益。

忌 × 脾虚泄泻者不宜饮用此豆浆。

清热利尿

椰汁豆浆

材料

黄豆 80 克，椰汁适量。

做法

❶ 黄豆加水泡发 6 小时，捞出，洗净。

❷ 将黄豆、椰汁放入豆浆机中，添水搅打成椰汁豆浆，煮沸后滤出即可。

特别提示

椰汁越快食用越好。

宜 √ 此豆浆对水肿、尿少者有益。

忌 × 体内热盛者不宜饮用此豆浆。

增强免疫

芋艿豆浆

材料

芋艿 2 个，黄豆 100 克。

做法

❶ 黄豆加水泡至发软，捞出洗净；芋艿去皮，洗净，切碎丁。

❷ 将芋艿、黄豆放入豆浆机中，添水搅打成豆浆，煮沸后滤出即可。

特别提示

制作芋艿豆浆时最好选用小芋艿。

宜	√ 芋艿营养丰富，体弱者食之能健体强身。
忌	× 芋艿性甘辛、平，有小毒，故肠胃湿热者忌食。

清心润肺

金橘红豆浆

材料

红豆 50 克，金橘 1 个，冰糖 10 克。

做法

❶ 红豆加水浸泡 4 小时后捞出，洗净沥干；金橘去皮、去子撕碎。

❷ 将红豆、金橘放入豆浆机中，加适量水搅打成豆浆，煮沸后滤出，加入冰糖拌匀即可。

特别提示

以果皮脆甜、肉嫩汁多味浓的金橘为佳。

宜	√ 金橘能增强抗寒能力，可预防感冒。
忌	× 金橘性温，口舌生疮、便秘者不宜饮用。

美容抗衰

胡萝卜黑豆浆

材料

胡萝卜 15 克，黑豆 50 克。

做法

❶ 黑豆浸泡 4 小时，捞出后洗净；胡萝卜洗净，切丁。

❷ 将黑豆、胡萝卜放入豆浆机中，添适量水搅打成豆浆，煮沸后过滤即可。

特别提示

胡萝卜切丁后可先入沸水锅中焯水，再倒入豆浆机中搅打。

宜	√ 此豆浆对皮肤粗糙者十分有益。
忌	× 胡萝卜忌与油菜同食。

滋阴润燥

虾皮紫菜豆浆

材料

黄豆 100 克，虾皮、紫菜各 20 克，盐少许。

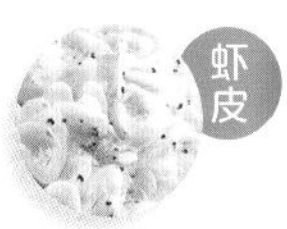

做法

❶ 黄豆加水浸泡 4 小时，洗净；虾皮、紫菜洗净，沥干。

❷ 将上述材料放入豆浆机中，添水搅打成豆浆。滤出豆浆，加少许盐拌匀即可。

特别提示

紫菜可根据个人口味来决定用量多少。

宜	√ 此豆浆对甲亢患者有益。
忌	× 紫菜忌与柿子饼同食。

花草豆浆

花草豆浆集花草清香与豆浆豆香于一体，豆浆引花香，花草添美味，相得益彰。花草豆浆不仅有豆浆丰富的营养，而且具有良好的药理作用，对人体健康大有裨益。

清肝明目

菊花枸杞豆浆

材料

黄豆 70 克，菊花 15 克，枸杞少许。

宜	√ 枸杞有明目的作用，适宜用眼过度者、老人食用。
忌	× 枸杞不适宜外感实热、脾虚泄泻者食用。

做法

1. 黄豆洗净，用清水浸泡 3 小时；菊花洗净；枸杞泡发洗净。
2. 将上述材料放入豆浆机中，加水搅打成豆浆，并煮沸。
3. 滤出豆浆即可饮用。

特别提示

最好选用杭白菊，风味更佳。

养颜美容

玫瑰薏米豆浆

材料

黄豆 60 克，薏米 30 克，干玫瑰花蕾 5 朵。

做法

❶ 黄豆泡软洗净；薏米淘洗干净，浸泡 2 小时；干玫瑰花蕾洗净浸泡。

❷ 将上述材料放入豆浆机中，加适量水搅打成豆浆，煮沸后滤出即可。

特别提示

可按照个人口味加入少许蜂蜜，味道更好。

宜	√ 此豆浆对月经不调的女性有益。
忌	× 汗少、便秘者不宜饮用此豆浆。

清热解毒

绿茶百合豆浆

材料

黄豆 60 克，鲜百合 10 克，绿茶茶叶 5 克。

做法

❶ 黄豆洗净，用清水泡软；鲜百合洗净；绿茶茶叶泡水，取汁待用。

❷ 将上述材料放入豆浆机中，加适量水搅打成豆浆，并煮沸。滤出后，即可饮用。

特别提示

百合为药食兼优的滋补佳品，四季皆可食用，但更宜于秋季食用。

宜	√ 此豆浆对冠心病患者有益。
忌	× 喝此豆浆后短时间内不宜服用药物。

美容养颜

杂花豆浆

材料

黄豆 50 克，金银花、菊花、玫瑰花、茉莉花、桂花各少许。

做法

1. 黄豆用清水泡软，捞出洗净；杂花洗净浮尘。
2. 将上述材料放入豆浆机中，添水搅打成豆浆，并煮沸。
3. 滤出豆浆，即可饮用。

宜	√ 咽干口燥者饮用此豆浆，可改善症状。
忌	× 此豆浆性寒凉，脾胃虚寒者忌饮。

清热解毒

金银花豆浆

材料

黄豆 70 克，金银花 10 克，冰糖适量。

做法

1. 黄豆用清水泡至发软，捞出洗净；金银花洗净，浸泡。
2. 将黄豆、金银花放入豆浆机中，加水搅打成豆浆，煮沸后滤出，加入冰糖拌至融化即可。

特别提示

优质的金银花气味清香、花蕾呈棒状，且表面呈黄、白、青色。

宜	√ 此豆浆抗炎解毒，适宜扁桃体炎患者饮用。
忌	× 冰糖含糖量高，糖尿病患者忌食。

清火美容

菊花绿豆浆

材料

绿豆 65 克，杭白菊 10 朵。

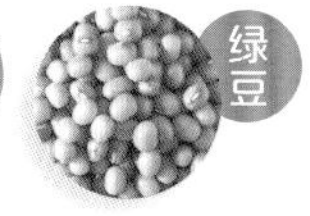

做法

1. 绿豆洗净，用清水泡软；杭白菊洗净浮尘。
2. 将绿豆、杭白菊放入豆浆机中，加水搅打成豆浆，并煮沸。
3. 滤出豆浆，即可饮用。

特别提示

此豆浆加入少许金银花，其清热作用会更好。

宜	√ 此豆浆对风热感冒患者有益。
忌	× 感受风寒后不宜饮用此豆浆。

清热解毒

绿茶豆浆

材料

黄豆 65 克，绿茶茶叶 5 克。

做法

1. 黄豆洗净，用清水浸泡 3 小时至发软；绿茶茶叶洗净浮尘，泡水取茶汁。
2. 将黄豆、绿茶汁放入豆浆机中，再加适量水至上、下水位线之间，搅打成豆浆，煮沸后滤出即可。

特别提示

此豆浆中可视情况适量加些小米或西瓜。

宜	√ 此豆浆有一定的醒酒作用。
忌	× 女性经期最好不要多喝绿茶。

清热解毒

绿茶甘菊豆浆

材料

绿豆 70 克，绿茶 5 克，甘菊 5 朵。

做法

❶ 绿豆洗净泡软；绿茶茶叶、甘菊洗净浮尘，分别泡水取汁待用。

❷ 将上述材料连汁液放入豆浆机中，加适量水搅打成豆浆，并煮沸。滤出后，装杯即可。

特别提示

绿豆具有解毒清心的作用，夏季多喝可以消暑止渴。

宜 √ 高脂血症患者饮用此豆浆,可降低血脂。

忌 × 绿豆性寒凉，故女性月经期间应忌食。

安神养颜

茉莉花豆浆

材料

黄豆 70 克，茉莉花 20 克，蜂蜜 5 克。

做法

❶ 黄豆用清水泡软，捞出洗净；茉莉花洗净。

❷ 将黄豆、茉莉花放入豆浆机中，添水搅打成豆浆，并煮沸。

❸ 滤出豆浆，晾凉，加入蜂蜜拌匀即可。

特别提示

冲泡蜂蜜时，水温过高会破坏蜂蜜中的活性酶，降低其营养。

宜 √ 女性饮用此豆浆，具有抗衰老的作用。

忌 × 茉莉花辛香偏温，内热、便秘者忌食。

舒缓焦虑

茉莉绿茶豆浆

材料

黄豆60克，茉莉花、绿茶各5克。

做法

1. 黄豆泡软洗净；用茉莉花、绿茶泡成茉莉绿茶，取汁待用。
2. 将黄豆放入豆浆机中，倒入茉莉绿茶汁，搅打成豆浆，煮沸后滤出即可。

特别提示

泡茶时可用少许热水醒茶，再加冷水冲。

宜 √ 此豆浆对体内有虚火者有益。

忌 × 绿茶不宜与枸杞同食。

清热解毒

菊花豆浆

材料

黄豆70克，菊花5朵。

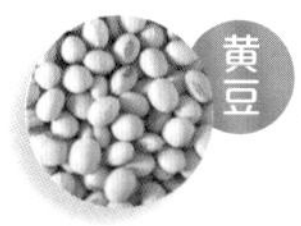

做法

1. 黄豆洗净，用清水泡至发软；菊花洗净浮尘。
2. 将黄豆、菊花放入豆浆机中，加适量水搅打成豆浆，并煮沸。
3. 滤出豆浆，装杯即可饮用。

特别提示

选用无污染的黄山贡菊，口感更佳。

宜 √ 此豆浆对目赤肿痛者有益。

忌 × 痰湿型高血压患者不宜饮用此豆浆。

消除疲劳

香草豆浆

材料

黄豆 70 克，香草 15 克，玫瑰花瓣少许。

做法

1. 黄豆用清水浸泡 3 ~ 5 小时，捞出洗净；香草、玫瑰花瓣分别洗净。
2. 将黄豆、香草放入豆浆机中，加适量清水，搅打成豆浆，煮沸后滤出。
3. 最后撒上玫瑰花瓣即可。

宜 √ 黄豆能抗癌，故癌症患者可多食。

忌 × 黄豆多食易发生腹胀，故消化不良者忌食。

消食去腻

龙井豆浆

材料

黄豆 70 克，龙井茶 5 克。

做法

1. 黄豆预先用水泡软，捞出洗净；龙井茶用开水泡好。
2. 将黄豆放入豆浆机中，添水搅打成豆浆，并煮沸。
3. 将煮熟的黄豆浆过滤，加入龙井茶汤调匀即可。

宜 √ 儿童饮用此豆浆，能提高牙齿抗龋能力。

忌 × 发热患者忌饮此豆浆，以免加重病情。

清热活血

百合菊花豆浆

材料

绿豆40克，百合30克，菊花、冰糖各10克。

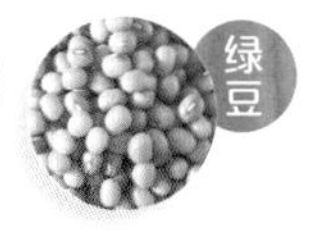

做法

❶ 绿豆洗净，泡软；百合泡发，洗净，分瓣；菊花洗净浮尘，泡成菊花茶。

❷ 将绿豆、百合放入豆浆机中，添水搅打成豆浆，煮沸后滤出豆浆，加入冰糖、菊花茶调匀即可。

特别提示

此豆浆可适量加些决明子。

宜 √ 此豆浆对头眼昏花者有益。

忌 × 菊花性寒，阳虚体质者不宜长期食用。

利湿祛火

迷迭香米豆浆

材料

黑豆70克，大米20克，迷迭香、薰衣草各5克。

做法

❶ 将黑豆泡软，洗净；大米洗净，浸泡；迷迭香、薰衣草洗净。

❷ 将所有原材料放入豆浆机中，添水搅打成豆浆。煮沸后滤出即可。

特别提示

黑豆不宜生吃，尤其是肠胃不好的人。

宜 √ 此豆浆对自感腰膝酸痛者有益。

忌 × 小儿不宜多吃黑豆。

舒肝解郁

玫瑰花油菜豆浆

材料

黄豆 50 克，黑豆、油菜各 20 克，玫瑰花蕾 5 克。

做法

❶ 黄豆、黑豆浸泡 10 ~ 12 小时，洗净；玫瑰花洗净浮尘，泡开，切碎；油菜择洗干净，切碎。

❷ 将上述材料放入豆浆机中，添水搅打成豆浆，煮沸后滤出即可。

宜 √ 老年人饮用此豆浆，能补肾虚。

忌 × 黑豆不易消化，肠胃功能差者忌食。

清咽润喉

菊花雪梨豆浆

材料

黄豆 50 克，菊花 10 克，雪梨 20 克。

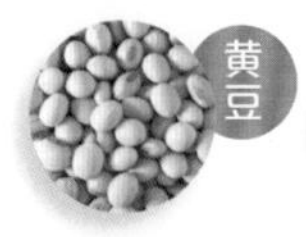

做法

❶ 黄豆泡软，洗净；菊花浸泡；雪梨洗净，去皮、去核，切块。

❷ 将所有原材料放入豆浆机中，添水搅打成豆浆，煮沸后滤出即可。

特别提示

梨性寒，不宜多食，否则会引发腹泻。

宜 √ 咽喉干疼者饮用此豆浆，可缓解症状。

忌 × 雪梨含糖量高，糖尿病患者忌食。

润肠排毒

荷桂茶豆浆

材料

黄豆60克，荷叶、绿茶、桂花各5克，冰糖少许。

做法

1. 黄豆泡软洗净；荷叶、绿茶、桂花入沸水煮成荷桂茶，取汁待用。
2. 将黄豆放入豆浆机中，加入荷桂茶汁，搅打成豆浆。
3. 煮沸后滤出，加入冰糖拌匀即可。

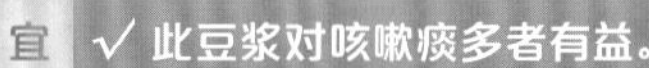
宜 ✓ 此豆浆对咳嗽痰多者有益。
忌 × 孕妇不宜饮用此豆浆。

清热解毒

双绿豆浆

材料

黄豆、绿豆各25克，绿茶5克，冰糖15克。

做法

1. 黄豆泡软，洗净；绿豆洗净，浸泡；绿茶用80℃热水泡成茶水。
2. 将黄豆、绿豆放入豆浆机中，添水搅打成豆浆，煮沸后滤出，加入冰糖、绿茶水调匀即可。

特别提示

新鲜的绿豆应是鲜绿色的，老的绿豆颜色会发黄。

宜 ✓ 此豆浆对高脂血症患者有益。
忌 × 慢性肠炎患者忌多食绿豆。

保健豆浆

豆浆营养丰富，是许多人补充营养、养生保健的理想选择。春季饮豆浆，滋阴润燥；夏季饮豆浆，消热防暑；秋季饮豆浆，养阴防燥；冬季饮豆浆，滋养进补。

强身壮骨

糙米花生豆浆

材料

黄豆 50 克，糙米 70 克，熟花生仁 20 克，白糖适量。

宜 √ 此豆浆能改善青春痘等不良皮肤症状。

忌 × 消化不良者应忌食糙米，以免加重胃的负担。

做法

1. 糙米、黄豆洗净，提前浸泡。
2. 将糙米、熟花生仁、黄豆放入豆浆机中，添水搅打成豆浆，煮沸后滤出，加入白糖拌匀即可。

特别提示

糙米也叫玄米，是经过去壳加工后仍保留些许外层组织的稻米。

养心润肺

杏仁豆浆

材料

黄豆 50 克，杏仁 50 克。

做法

1. 黄豆泡软，洗净；杏仁去皮，洗净。
2. 将所有原材料放入豆浆机中，添水搅打成豆浆，煮沸后滤出即可。

特别提示

杏仁储藏于干爽环境中，其保质期可长达两年。

宜	√ 此豆浆对便秘患者有益。
忌	× 阴虚咳嗽及便溏者忌饮此豆浆。

增强免疫

薏米百合豆浆

材料

黄豆 70 克，薏米、干百合各 20 克，白糖适量。

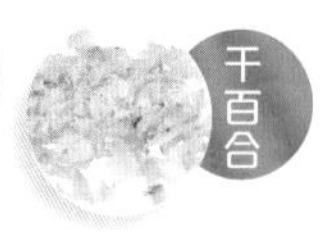

做法

1. 黄豆泡发洗净；薏米、干百合分别洗净，浸泡。
2. 将黄豆、薏米、百合放入豆浆机中，添水搅打成豆浆，煮沸后滤出，加入白糖拌匀即可。

宜	√ 薏米是极佳的美容食材，适宜女性食用。
忌	× 薏米性凉，孕妇及经期女性慎食。

增强免疫

黑木耳米豆浆

材料

黑豆、大米各 50 克，黑木耳 25 克。

做法

1. 黑豆泡软，洗净；大米洗净泡软；黑木耳泡发洗净，撕成小朵。
2. 将所有原材料放入豆浆机中，添水搅打成豆浆，煮沸后滤出即可。

宜 ✓ 此豆浆对缺铁性贫血患者有益。

忌 × 有出血倾向的人不宜饮用此豆浆。

增强免疫

饴糖豆浆

材料

黄豆 100 克，饴糖 50 克。

做法

1. 黄豆泡软，洗净。
2. 将黄豆放入豆浆机中，添水搅打成豆浆，煮沸后滤出，加入饴糖拌匀即可。

特别提示

在食用黄豆时应将其煮熟、煮透。若黄豆半生不熟时食用，常会引起恶心、呕吐等症状。

宜 ✓ 肺热咳嗽者饮用此豆浆可润肺止咳。

忌 × 呕吐者不宜食饴糖，以免加重病情。

强健筋骨

五色豆浆

材料

黄豆 35 克，绿豆、黑豆、薏米、红豆各 20 克。

做法

1. 黄豆、绿豆、黑豆、红豆泡软，洗净；薏米洗净，浸泡。
2. 将所有原材料放入豆浆机中，添水搅打成豆浆，煮沸后滤出即可。

特别提示

色泽暗淡无光、干瘪的红豆不宜选用。

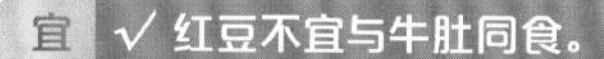

宜 ✓ 红豆不宜与牛肚同食。

忌 × 素体虚寒者不宜饮用此豆浆。

补血安神

八宝豆浆

材料

黄豆 50 克，红豆 40 克，核桃仁 1 个，芝麻 5 克，莲子 3 粒，花生仁、薏米、百合、冰糖各适量。

做法

1. 黄豆、红豆、莲子、薏米、百合、花生仁泡软，洗净；核桃仁洗净。
2. 将所有原材料放入豆浆机中，添水搅打成豆浆，煮沸后滤出，加入冰糖拌匀即可。

宜 ✓ 此豆浆尤其适合哺乳期妇女饮用。

忌 × 花生不宜与黄瓜同食。

健脑益智

蜂蜜核桃豆浆

材料

黄豆 60 克，核桃仁 40 克，蜂蜜 10 克。

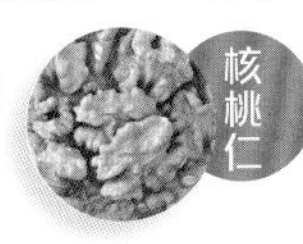

做法

1. 黄豆泡软，洗净；核桃仁碾碎。
2. 将黄豆、核桃仁放入豆浆机中，添水搅打成豆浆，煮沸后滤出，待温热时调入蜂蜜即可。

特别提示

不宜撕去核桃仁表面那层褐色的薄皮，否则会损失一部分营养。

宜 √ 核桃仁配蜂蜜可益精血、乌须发。

忌 × 阴虚火旺者忌食核桃仁。

和胃健脾

高粱红枣豆浆

材料

黄豆 45 克，高粱、红枣各 15 克，蜂蜜适量。

做法

1. 黄豆、高粱分别用清水浸泡至发软；红枣洗净去核，切碎。
2. 将上述材料放入豆浆机中，添水搅打成豆浆，并煮熟。
3. 过滤装杯，待温热时加入蜂蜜调匀即可。

宜 √ 此豆浆对脾胃气虚极有补益。

忌 × 此豆浆含糖量高，糖尿病患者忌饮。

温中和胃

高粱豆浆

材料

黄豆 50 克，高粱 30 克，白糖适量。

做法

❶ 黄豆预先加水泡软，洗净；高粱预先浸泡 3 小时。

❷ 将上述材料放入豆浆机中，加水搅打成豆浆，并煮熟。

❸ 将豆浆过滤，加入适量白糖调匀即可。

特别提示

此豆浆可适量添加糙米。

宜 √ 脾胃虚弱之人尤其适合饮用此豆浆。

忌 × 大便燥结者应少食高粱。

清补脾胃

薄荷大米豆浆

材料

黄豆 40 克，绿豆 30 克，大米 10 克，薄荷叶、冰糖各适量。

做法

❶ 黄豆、绿豆加水泡至发软，捞出洗净；大米淘洗干净，加水泡 3 小时；薄荷叶洗净。

❷ 将上述材料放入豆浆机中，添水搅打成豆浆，并煮熟。过滤后加入冰糖调匀即可。

特别提示

新鲜薄荷叶忌久煮。干薄荷叶可先加开水泡成薄荷茶后再加入豆浆汁中。

宜 √ 此豆浆对牙龈肿痛者有益。

忌 × 绿豆不宜与海鱼同食。

利水祛痰

红绿豆浆

材料

红豆、绿豆各 40 克。

做法

1. 将红豆、绿豆加水泡至发软，捞出洗净。
2. 将泡好的红豆、绿豆放入豆浆机中，添水搅打成豆浆，并煮熟。
3. 将煮熟的豆浆过滤，装杯即可。

特别提示

绿豆能清热消暑，红豆能润肠通便、祛水肿，二者宜与谷类食品一同食用。

宜	√ 红豆含叶酸，故孕妇很适合食用。
忌	× 绿豆性寒凉，经期女性慎食。

清热滋阴

百合莲子豆浆

材料

红豆、绿豆各 30 克，鲜百合、莲子各适量。

做法

1. 红豆、绿豆加水泡至发软，捞出洗净；莲子泡软，去心洗净；鲜百合洗净，分成小片。
2. 将上述材料一起放入豆浆机中，添水搅打成豆浆，煮沸后过滤即可。

特别提示

因莲心有苦味，故制作豆浆时要先将莲心去除。

宜	√ 脑力劳动者常饮此豆浆，可以健脑。
忌	× 莲子是滋补之品，脘腹胀闷者忌用。

健胃消食

山楂糙米浆

材料

糙米 60 克，山楂 20 克，冰糖适量。

做法

1. 糙米洗净，加水浸泡 2 小时；山楂洗净去核，切成小块。
2. 将糙米、山楂放入豆浆机中，添水搅打成豆浆，并煮沸过滤。
3. 过滤后的豆浆稍冷却，加入冰糖拌匀即可。

特别提示

吃山楂后要及时漱口，以防伤害牙齿。

宜	√ 此豆浆对高脂血症患者有益。
忌	× 孕妇不宜饮用山楂，以免诱发流产。

旺盛精力

黑芝麻花生豆浆

材料

黄豆50克，花生仁25克，黑芝麻5克，冰糖适量。

做法

1. 黄豆泡软，洗净；黑芝麻略冲洗，晾干水后碾碎；花生仁洗净。
2. 将黄豆、黑芝麻、花生仁放入豆浆机中，添水搅打成豆浆，煮沸后滤出，加入冰糖拌匀即可。

特别提示

花生仁不要剥去红衣，因为红衣可以补血。

宜	√ 此豆浆可补充脑力。
忌	× 花生有止血作用，故有血栓的人忌食。

改善发质

黑芝麻豆浆

材料

黄豆100克，黑芝麻、白糖各适量。

做法

1. 黄豆浸泡至发软，捞出洗净；黑芝麻淘洗净，碾碎。
2. 将黄豆、黑芝麻放入豆浆机中，添水搅打成豆浆，煮沸后滤出，加入白糖调匀即可。

特别提示

黄豆的泡发时间以10～12小时为宜。

宜	√ 黑芝麻是补钙佳品，很适宜儿童食用。
忌	× 腹泻者不宜饮用此豆浆。

补肾养颜

芝麻花生黑豆浆

材料

黑豆70克，黑芝麻、花生仁各10克，白糖15克。

做法

1. 黑豆泡软，洗净；花生仁洗净；黑芝麻冲洗干净，沥干水分，碾碎。
2. 将所有原材料放入豆浆机中，添水搅打成豆浆，煮沸后滤出，加入白糖拌匀即可。

特别提示

芝麻中含有丰富的不饱和脂肪酸，有利于胎儿大脑的发育。

宜	√ 老年人饮用此豆浆，能降压、降脂。
忌	× 黑豆不易消化，消化功能差的人忌食。

润肤滑肌

红枣米豆浆

材料

黄豆、大米各 40 克，红枣 2 颗，白糖少许。

做法

1. 黄豆用水泡至发软，捞出；大米淘洗干净；红枣去核洗净，切小块。
2. 将上述材料放入豆浆机中，加适量清水搅打成豆浆。
3. 煮沸后滤出豆浆，加入白糖拌匀即可。

宜 √ 此豆浆特别适合脾胃气虚之人饮用。

忌 × 脘腹胀满者忌食红枣。

健脾祛湿

山药薏米豆浆

材料

黄豆 55 克，薏米 25 克，山药 30 克。

做法

1. 黄豆泡软，洗净；薏米洗净，浸泡 6 ~ 8 个小时；山药去皮，洗净，切碎，泡在清水里。
2. 将黄豆、薏米、山药放入豆浆机中，添水搅打成豆浆，煮沸后滤出即可。

特别提示

如果想加糖调味，糖的用量不宜多，否则对祛湿不利。

宜 √ 病后体虚者尤其适合饮用此豆浆。

忌 × 有实邪者慎饮此豆浆。

养颜润肤

燕麦核桃豆浆

材料

黄豆 65 克，核桃仁、燕麦片各 20 克，冰糖少许。

做法

❶ 黄豆预先用清水浸泡至软，捞出洗净；核桃仁、燕麦片洗净。

❷ 将泡好的黄豆、核桃仁、燕麦片放入豆浆机中，添水搅打成豆浆，并煮沸。

❸ 滤出后，加入冰糖拌匀即可。

宜 √ 食用核桃仁能润肤养颜，女性应多食用。

忌 × 核桃仁油腻滑肠，腹泻者忌食。

补血养虚

红枣豆浆

材料

黄豆 70 克，去核红枣 2 颗，白糖少许。

做法

❶ 黄豆洗净，用清水浸泡 4 小时，捞出；红枣洗净。

❷ 将泡好的黄豆、红枣放入豆浆机中，加适量清水搅打成豆浆，并煮沸。

❸ 滤出后，加入白糖拌匀即可。

宜 √ 红枣为补养佳品，女性常食可养颜。

忌 × 大便秘结者应忌食红枣，以免助火生痰。

提神健脑

三豆豆浆

材料

黑豆、绿豆、红豆各 30 克，白糖适量。

做法

1. 黑豆、绿豆、红豆分别泡软，捞出洗净。
2. 将所有原材料放入豆浆机中，添水搅打成豆浆，煮沸后滤出，调入适量白糖即可。

特别提示

此豆浆做好后尽量在 4 小时内喝完，否则很容易变质。

宜 √ 红豆含铁质,女性多食用能使气色红润。

忌 × 绿豆性寒，脾胃虚弱者应忌食。

抵抗疲劳

杏仁榛子豆浆

材料

黄豆 60 克，杏仁、榛子仁各 15 克。

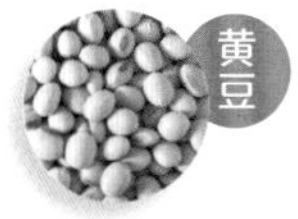

做法

1. 黄豆泡发洗净；杏仁、榛子仁碾碎。
2. 将黄豆、杏仁、榛子仁放入豆浆机中，添加水搅打成豆浆，待煮沸后滤出即可。

特别提示

因杏仁含有小毒，故一次性不可食用过多，以免影响身体健康。

宜 √ 长期面对电脑的人多吃榛子对视力有益。

忌 × 榛子含丰富的油脂，胆功能不良者忌食。

益智健脑

麦米豆浆

材料

黄豆 50 克，小麦、大米各 20 克。

做法

❶ 黄豆洗净泡软；小麦、大米分别淘洗干净，用清水浸泡 2 小时。

❷ 将上述材料放入豆浆机中，加水至上、下水位线之间，搅打成豆浆。

❸ 煮沸后滤出，装杯即可。

宜 √ 更年期妇女饮用此豆浆可舒缓情绪。

忌 × 慢性肝病患者不适宜吃小麦。

增强记忆

花生多色豆浆

材料

黄豆、黑豆、青豆、干豌豆、花生仁、冰糖各适量。

做法

❶ 黄豆、黑豆、干豌豆分别泡发，洗净；花生仁洗净；青豆洗净。

❷ 将所有原材料放入豆浆机中，添水搅打成豆浆。煮沸后滤出，加入冰糖拌匀即可。

特别提示

青豆可分为青皮青仁大豆和青皮黄仁大豆，前者的蛋白质含量更高。

宜 √ 女性产后进食花生有补养效果。

忌 × 花生有止血作用，故血栓患者忌食。

补虚润燥

干果豆浆

材料

黄豆 40 克，榛子仁 20 克，松子仁、开心果各 15 克，白糖适量。

做法

❶ 黄豆泡软，洗净；榛子仁、开心果均去壳碾碎；松子仁碾碎。

❷ 将所有原材料放入豆浆机中，添水搅打成豆浆，煮沸后滤出，加入白糖调匀即可。

特别提示

此豆浆油脂的含量较高。

宜 √ 睡眠不好的人适合饮用此豆浆。

忌 × 腹泻者慎饮用此豆浆。

延缓衰老

开心果豆浆

材料

黄豆 40 克，开心果 15 克，白糖适量。

做法

❶ 黄豆泡发，洗净；开心果去壳碾碎。

❷ 将所有原材料放入豆浆机中，添水搅打成豆浆，煮沸后滤出，加入白糖调匀即可。

特别提示

开心果翠绿的果仁中含丰富的叶黄素，可保护视力。

宜 √ 青少年尤其适合饮用此豆浆。

忌 × 开心果热量高，高脂血症者慎食。

增强免疫

小麦核桃红枣豆浆

材料

黄豆50克，小麦仁20克，核桃仁2个，红枣4枚。

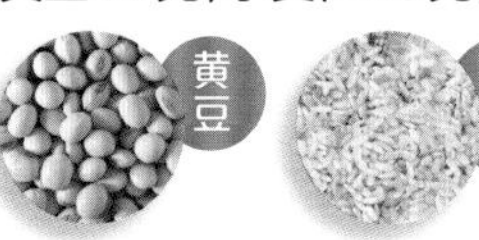

做法

1. 黄豆、小麦仁洗净，泡软；核桃取仁去皮，碾碎；红枣洗净，去核，切碎。
2. 将所有原材料放入豆浆机中，添水搅打成豆浆，煮沸后滤出即可。

特别提示

核桃一次吃太多不易消化。

宜 √ 老年人饮此豆浆，能健体、抗衰老。

忌 × 核桃仁油腻滑肠，腹泻者忌食。

抵抗辐射

木瓜薏米绿豆浆

材料

绿豆40克，木瓜50克，薏米、油菜花粉各20克。

做法

1. 绿豆、薏米洗净，泡软；木瓜去皮，除子，洗净，切丁。
2. 将所有原材料放入豆浆机中，添水搅打成豆浆，煮沸后滤出，待豆浆温热时加入油菜花粉调匀即可。

特别提示

油菜花粉不宜在豆浆滚烫时加入，否则高温会破坏花粉的营养。

宜 √ 此豆浆具有通乳的作用，适宜产妇饮用。

忌 × 孕妇忌食薏米，对胎儿不利。

排毒瘦身

山楂红豆浆

材料

黄豆 45 克，红豆、山楂各 20 克。

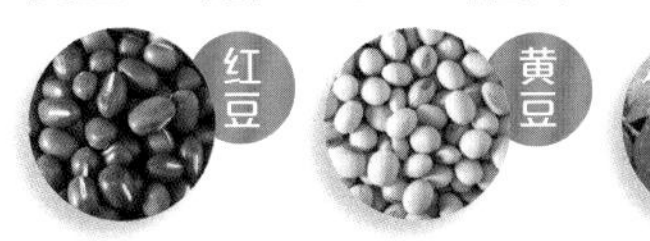

做法

❶ 黄豆、红豆洗净，泡软；山楂去核，洗净，切碎。

❷ 将所有原材料放入豆浆机中，添水搅打成豆浆，煮沸后滤出即可。

特别提示

不要把山楂当成健脾之品经常食用，它只消不补，久食伤胃气。

宜 ✓ 此豆浆对高脂血症患者有益。

忌 × 山楂忌与虾仁同食。

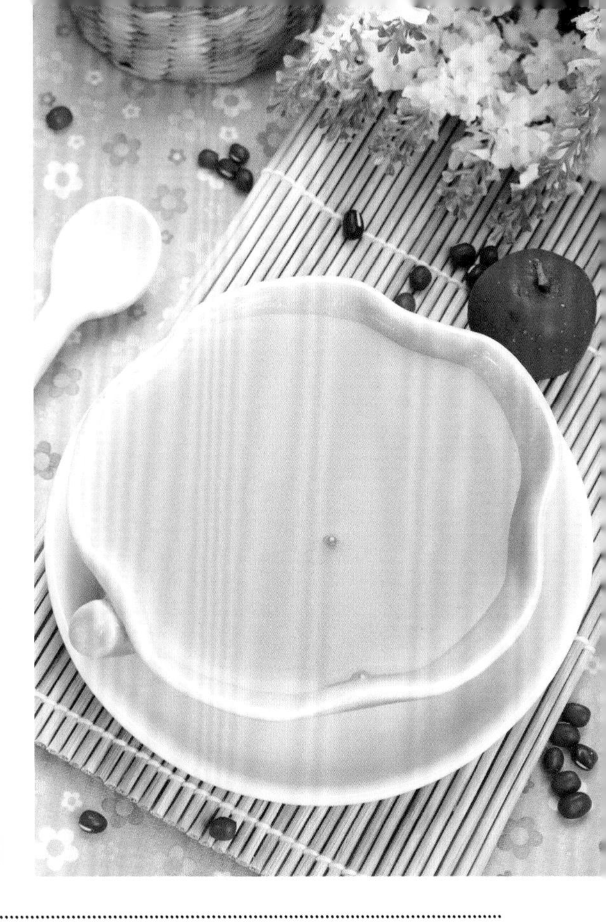

排毒养颜

红薯豆浆

材料

黄豆 45 克，绿豆 20 克，红薯 30 克。

做法

❶ 黄豆、绿豆洗净，泡软；红薯去皮，洗净，切丁。

❷ 将所有原材料放入豆浆机中，添水搅打成豆浆，煮沸后滤出即可。

特别提示

红薯须保持干燥，不宜放在塑料袋中。

宜 ✓ 此豆浆适合免疫力较弱之人饮用。

忌 × 红薯不宜与鸡蛋同食。

瘦身排毒

燕麦糙米豆浆

材料

黄豆 45 克，燕麦片 20 克，糙米 15 克。

做法

1. 黄豆、糙米均洗净，泡软。
2. 将黄豆、糙米放入豆浆机中，添水搅打成豆浆，煮沸后滤出，冲入燕麦片即可。

特别提示

糙米一定要浸泡，浸泡后的糙米不但更容易打碎，也更易于营养的吸收。

宜	√ 食用燕麦易有饱足感，瘦身者最宜食用。
忌	× 燕麦片易造成奶水减少，故产妇忌饮。

排毒补肾

海带豆浆

材料

黄豆 45 克，水发海带 30 克，白糖适量。

做法

1. 黄豆泡发洗净；海带洗净，切碎。
2. 将黄豆、海带放入豆浆机中，添水搅打成豆浆，煮沸后滤出，加入适量白糖调味即可。

特别提示

这款豆浆不宜与茶水一同饮用，否则会影响海带中铁的吸收。

宜	√ 男性长期食用海带，有温补肾气的作用。
忌	× 海带有催生作用，故孕妇不宜饮用。

排毒养颜

胡萝卜甜豆浆

材料

黄豆 50 克，胡萝卜 30 克，白糖适量。

做法

❶ 黄豆泡软，洗净；胡萝卜去皮洗净，切碎。

❷ 将胡萝卜、黄豆放入豆浆机中，添水搅打成豆浆，煮沸后滤出，加入白糖拌匀即可。

特别提示

为更好地吸收胡萝卜中的营养，喝此豆浆时最好吃些油脂类食物。

宜 √ 此豆浆对皮肤粗糙者有益。

忌 × 胡萝卜忌与山楂同食。

排毒安神

香蕉草莓豆浆

材料

黄豆 100 克，草莓 6 颗，香蕉 1/4 根，白糖适量。

做法

❶ 黄豆泡软，洗净；草莓去蒂，洗净切块；香蕉去皮切块。

❷ 将黄豆、草莓、香蕉放入豆浆机中，添水搅打成豆浆，煮沸后滤出，加入白糖调味即可。

特别提示

此豆浆寒凉，不宜多饮。

宜 √ 此豆浆对神经衰弱及贫血患者有益。

忌 × 尿路结石者不宜食用草莓。

祛湿润喉

草莓豆浆

材料

黄豆 100 克，草莓 30 克，冰糖适量。

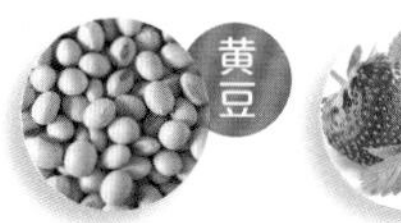

做法

❶ 黄豆泡发洗净；草莓去蒂洗净，切块。

❷ 将黄豆、草莓放入豆浆机中，添水搅打成豆浆，煮沸后滤出，加入冰糖拌匀即可。

特别提示

草莓含有较多草酸钙，尿路结石患者不宜吃得过多。

宜 √ 咽喉肿痛者饮此豆浆，可缓解症状。

忌 × 冰糖含糖量高，糖尿病患者忌食。

预防癌症

红薯山药麦豆浆

材料

黄豆 50 克，山药 30 克，红薯、小麦各 20 克。

做法

❶ 黄豆泡发洗净；山药、红薯去皮洗净，切小块，泡清水里；小麦洗净，浸泡 1 小时。

❷ 将所有原材料放入豆浆机中，添水搅打成豆浆，煮沸后滤出即可。

特别提示

红薯含有“气化酶”，故一次不要吃得过多，以免引起胃不适。

宜 √ 便秘者饮用此豆浆能缓解症状。

忌 × 腹泻者忌饮此豆浆，以免加重病情。

强身抗癌

腰果榛子豆浆

材料

黄豆 100 克，腰果、榛子各 30 克，冰糖适量。

做法

1. 黄豆泡发洗净；腰果、榛子洗净，浸泡半小时。
2. 将黄豆、腰果、榛子放入豆浆机中，添水搅打成豆浆，煮沸后滤出，加入冰糖拌匀即可。

特别提示

腰果可以选用熟的。

宜 √ 此豆浆对心脑血管疾病患者有益。

忌 × 腰果不宜与白酒同食。

抗癌健胃

糙米豆浆

材料

糙米、黄豆各 50 克，冰糖适量。

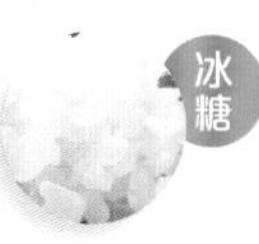

做法

1. 黄豆、糙米分别泡发，洗净。
2. 将糙米、黄豆放入豆浆机中，添水搅打成豆浆，煮沸后滤出，加入冰糖拌匀即可。

特别提示

糙米一次不能吃得太多。

宜 √ 此豆浆对肠胃功能障碍者有益。

忌 × 糙米忌与羊肉同食。

食疗豆浆

豆浆品种繁多，五谷、红枣、枸杞、百合等都可以成为豆浆的配料，从而起到不同的食疗作用。

瘦身养颜

薏米黑豆浆

材料

黑豆 50 克，青豆、薏米各 25 克。

宜 ✓ 黑豆含粗纤维，很适宜肥胖者食用。

忌 × 薏米性凉，经期女性忌饮此豆浆。

做法

❶ 黑豆、青豆、薏米用清水泡软，捞出洗净。

❷ 将上述材料放入豆浆机中，加水至上下水位线之间，搅打成豆浆。

❸ 煮沸后滤出即可。

特别提示

黑豆用有盖容器密封保存，置于阴凉、干燥、通风处可保存很长时间。

解腻降压

荷叶小米黑豆浆

材料

黄豆、黑豆、小米各 30 克，干荷叶 1 片。

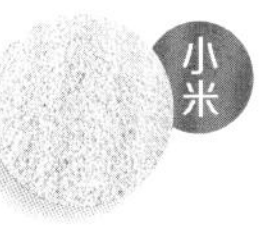

做法

1. 黄豆、黑豆用清水浸泡 3 小时；小米洗净；干荷叶洗净，撕碎。
2. 将上述材料放入豆浆机中，添水搅打成豆浆，并煮沸。
3. 滤出豆浆，装杯即可。

宜 √ 此豆浆尤适合产妇食用。

忌 × 小米不宜与醋同食。

疏风清热

桑叶黑米豆浆

材料

黄豆、黑米各 40 克，干桑叶 6 克。

做法

1. 黄豆、黑米用清水浸泡至软，捞出洗净；干桑叶浸泡洗净。
2. 将上述材料放入豆浆机中，加水至上、下水位线之间，搅打成豆浆。
3. 煮沸后滤出即可。

宜 √ 此豆浆对肺热咳喘者有益。

忌 × 桑叶不宜多食，否则对身体不利。

清热化湿

薏米荞麦红豆浆

材料

红豆 50 克，荞麦、薏米各 25 克。

做法

1. 红豆、薏米用清水浸泡 3 小时，捞出洗净；荞麦淘洗干净。
2. 将上述材料放入豆浆机中，加水搅打成豆浆，并煮沸。
3. 滤出豆浆，即可饮用。

宜 √ 消化不良者饮用此豆浆能改善症状。

忌 × 红豆利尿消肿，故尿频者忌饮此豆浆。

降压降脂

荞麦枸杞豆浆

材料

黄豆 50 克，荞麦 30 克，枸杞 10 克。

做法

1. 黄豆、荞麦用清水泡软，捞出洗净；枸杞淘洗干净。
2. 将黄豆、荞麦放入豆浆机中，加水搅打成豆浆，并煮沸。
3. 滤出豆浆，撒上枸杞点缀即可。

宜 √ 黄豆富含铁，尤其适宜贫血患者食用。

忌 × 腹泻者不宜饮此豆浆。

健脾祛湿

高粱小米豆浆

材料

黄豆 50 克，高粱、小米各 25 克。

做法

1. 黄豆用清水浸泡至发软，捞出洗净；高粱、小米淘洗干净。
2. 将上述材料放入豆浆机中，加水至上、下水位线之间。
3. 搅打成豆浆，煮沸后滤出即可。

特别提示

高粱有红、白之分，红高粱多用于酿酒。

宜 √ 胃寒多湿者可适量食用高粱。

忌 × 小米忌与猪心同食。

开胃消食

玉米须燕麦黑豆浆

材料

黑豆 60 克，燕麦 30 克，玉米须少许。

做法

1. 黑豆、燕麦泡软，捞出洗净；玉米须洗净，剪碎。
2. 将上述材料放入豆浆机中，加水至上、下水位线之间，搅打成豆浆。
3. 煮沸后滤出即可。

特别提示

黑豆以豆粒完整、大小均匀、颜色乌黑者为佳。

宜 √ 燕麦配玉米须十分适合高血压患者食用。

忌 × 肠道敏感的人不宜多吃燕麦。

降低血脂

荞麦山楂豆浆

材料

黄豆、荞麦各40克，山楂20克，冰糖少许。

宜	√ 山楂有强心作用，对心脏病很有益。
忌	× 山楂可刺激子宫收缩，故孕妇忌食。

做法

❶ 黄豆、荞麦洗净，用清水浸泡至发软；山楂洗净，去蒂、去核。

❷ 将上述材料放入豆浆机中，加水搅打成豆浆，并煮沸。

❸ 滤出豆浆，趁热加入冰糖拌匀即可。

特别提示

食用山楂不可贪多，而且食用后还要及时漱口，以防有害牙齿。

清热提神

生菜豆浆

材料

黄豆70克，生菜30克。

做法

1. 黄豆用清水泡至发软，捞出洗净；生菜取叶洗净，撕碎。
2. 将黄豆、生菜叶放入豆浆机中，加水搅打成豆浆，并煮沸；滤出装杯即可。

特别提示

生菜不宜久存，用保鲜膜封好置于冰箱中可保存2～3天。

宜 √ 此豆浆有利于女性保持苗条身材。

忌 × 尿频、胃寒之人应少吃生菜。

排毒养颜

柠檬薏米红豆浆

材料

红豆、薏米各30克，柠檬2片。

做法

1. 红豆、薏米用清水浸泡2～3小时，捞出洗净。
2. 将红豆、薏米、柠檬片放入豆浆机中，加水搅打成豆浆，并煮沸。
3. 滤出豆浆，装杯即可。

特别提示

整体形状比较圆的柠檬不太酸，汁水会较多一些。

宜 √ 维生素缺乏者尤适合饮用此豆浆。

忌 × 柠檬含糖量较高，糖尿病患者应少吃。

补脾安神

百合大米红豆浆

材料

红豆、大米各 30 克，鲜百合 25 克，冰糖 5 克。

做法

❶ 红豆用清水泡软，捞出洗净；大米淘洗干净浸泡 1 小时；鲜百合剥瓣洗净。

❷ 将上述材料放入豆浆机中，添水搅打成豆浆，并煮沸。

❸ 滤出豆浆，加入冰糖拌匀即可。

宜 √ 心慌、失眠者饮用此豆浆可缓解症状。

忌 × 百合性偏凉，风寒咳嗽者忌饮此豆浆。

降低血糖

南瓜豆浆

材料

黄豆、南瓜各 50 克。

做法

❶ 黄豆洗净泡软；南瓜洗净，去皮、去瓤，切丁。

❷ 将上述材料放入豆浆机中，添水搅打成豆浆。

❸ 煮沸后滤出即可。

特别提示

吃南瓜前一定要仔细检查，若发现表皮有溃烂之处，或切开后散发出酒精味等，则不可食用。

宜 √ 南瓜能降血压，很适宜高血压患者食用。

忌 × 发热患者忌食南瓜，以防病情恶化。

降脂润燥

山楂银耳豆浆

材料

黄豆 60 克，山楂 1 个，银耳 20 克。

做法

❶ 黄豆用清水泡软，捞出洗净；山楂洗净，去核、切粒；银耳泡发洗净。

❷ 将上述材料放入豆浆机中，加适量水搅打成豆浆，煮沸后滤出即可。

特别提示

银耳宜用冷开水泡发，泡发后应去掉未发开的部分，特别是淡黄色的部分。

宜	√ 此豆浆对阴虚火旺者有益。
忌	× 山楂不宜与竹笋同食。

清肠利便

西芹豆浆

材料

黄豆 50 克，西芹 40 克。

做法

❶ 黄豆用清水泡软，捞出洗净；西芹洗净，去老筋，切丁。

❷ 将黄豆、西芹放入豆浆机中，添水搅打成豆浆，并煮沸，滤出装杯即可饮用。

特别提示

西芹的叶比茎更有营养，打豆浆时不要把西芹的嫩叶扔掉。

宜	√ 此豆浆对高血压患者有益。
忌	× 肠滑不固、肠胃虚寒者应少吃西芹。

安神益心

糯米百合藕豆浆

材料

黄豆、糯米各 40 克，藕 20 克，鲜百合少许。

做法

❶ 黄豆、糯米分别用清水泡软，捞出洗净；藕切片；鲜百合洗净剥瓣。

❷ 将上述材料放入豆浆机中，加水搅打成豆浆，并煮熟。

❸ 滤出豆浆，即可饮用。

特别提示

产妇不宜多食生莲藕。

宜 √ 莲藕含铁量高，贫血者应多饮用此豆浆。

忌 × 腹胀者忌食糯米，以免加重症状。

补虚开胃

榛子豆浆

材料

黄豆、榛子各 50 克。

做法

❶ 黄豆用清水泡至发软，捞出洗净；榛子去壳洗净。

❷ 将上述材料放入豆浆机中，加水至上、下水位线之间。

❸ 搅打成豆浆，煮沸后滤出即可。

特别提示

仁多、外形饱满，且色泽为棕红色者为优质榛子。

宜 √ 儿童饮用榛子豆浆，可增强体质。

忌 × 榛子的油脂含量丰富，胆功能弱者忌食。

安神养胃

小米百合葡萄干豆浆

材料

黄豆50克，小米30克，百合、葡萄干各10克。

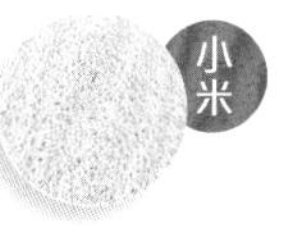

做法

❶ 黄豆、百合洗净泡软；小米洗净，浸泡1小时；葡萄干洗净。

❷ 将上述材料放入豆浆机中，加水搅打成豆浆。

❸ 煮熟后滤出即可。

特别提示

小米以皮薄米实、颜色金黄、无杂质者为佳。

宜 √ 体弱贫血者尤适合饮用此豆浆。

忌 × 糖尿病患者忌食葡萄干。

增强免疫

百合莲子银耳绿豆浆

材料

绿豆50克，百合、莲子、银耳各15克。

做法

❶ 绿豆预先浸泡至软，捞出洗净；莲子去心，用开水泡软；银耳泡发，去杂质，洗净撕成小朵；百合洗净撕片。

❷ 将所有原材料放入豆浆机中，添水搅打，煮熟成豆浆即可。

特别提示

好的银耳，耳花大而松散，耳肉肥厚，色泽呈白色或略带微黄，蒂头无黑斑或杂质。

宜 √ 此豆浆尤适合肺肾气虚者饮用。

忌 × 虚寒出血者忌饮此豆浆。

清热解暑

莴苣绿豆浆

材料

绿豆 60 克，莴苣 40 克。

做法

1. 绿豆用清水泡软，捞出洗净；莴苣洗净，去皮切片。
2. 将上述材料放入豆浆机中，加水搅打成豆浆，并煮沸。
3. 滤出豆浆，即可饮用。

特别提示

经常食用莴苣，可以防治缺铁性贫血。

宜 √ 此豆浆清热解暑，适宜暑热烦渴者饮用。

忌 × 绿豆性寒，寒性体质者忌饮此豆浆。

明目润肺

枸杞百合豆浆

材料

黄豆 60 克，枸杞、鲜百合各 15 克。

做法

1. 黄豆、枸杞用清水泡至发软，捞出洗净；鲜百合洗净。
2. 将上述材料放入豆浆机中，加水至上、下水位线之间，搅打成豆浆，煮沸后滤出即可。

特别提示

新鲜百合用保鲜膜封好置于冰箱中可保存 1 周左右。

宜 √ 此豆浆可明目、润肺，老人可多饮用。

忌 × 百合性偏凉，风寒咳嗽者不宜饮用。

清热利湿

小米红豆浆

材料

红豆 60 克，小米 30 克，冰糖少许。

做法

❶ 红豆洗净泡软；小米淘洗干净，浸泡 2 小时。

❷ 将红豆、小米放入豆浆机中，添水搅打成豆浆，并煮沸。

❸ 滤出豆浆，加冰糖拌匀即可。

特别提示

红豆以豆粒完整、颜色深红、大小均匀、紧实皮薄者为佳。

宜 ✓ 此豆浆适合产妇调养身体。

忌 × 小米不宜与南杏仁同食。

改善失眠

桂圆百合豆浆

材料

黄豆 50 克，桂圆 4 颗，鲜百合少许。

做法

❶ 黄豆用清水泡软，捞出洗净；桂圆去壳、去核；鲜百合洗净剥瓣。

❷ 将上述材料放入豆浆机中，加水搅打成豆浆，煮沸后滤出即可。

特别提示

挑选桂圆时要选颗粒较大、黄褐色、壳面光洁、薄而脆的。

宜 ✓ 此豆浆特别适合心脾血虚者饮用。

忌 × 内有痰火者不宜饮用此豆浆。

清热解毒

苦瓜绿豆浆

材料

绿豆 60 克，苦瓜 40 克。

做法

❶ 绿豆用清水泡至发软，捞出洗净；苦瓜洗净，去皮去瓤，切片。

❷ 将绿豆、苦瓜放入豆浆机中，添水搅打成豆浆，并煮沸。滤出后即可饮用。

特别提示

苦瓜含有奎宁，会刺激子宫收缩，易引起流产，孕妇忌食。

宜 ✓ 苦瓜能控制血糖，很适宜糖尿病者食用。

忌 × 苦瓜性凉，脾胃虚寒者不宜饮用。

强身健体

红枣大麦豆浆

材料

黄豆、大麦各 40 克，红枣 2 颗。

做法

❶ 黄豆洗净，用清水泡软；大麦淘洗干净泡软；红枣洗净，去核。

❷ 将上述材料放入豆浆机中，添水搅打成豆浆，煮沸后滤出即可。

特别提示

大麦以色泽黄褐、颗粒饱满、有淡淡的坚果香味者为佳。

宜 ✓ 红枣为补养佳品，女性食之能美容养颜。

忌 × 产妇忌食大麦，否则会减少乳汁分泌。

健脾化湿

白萝卜豆浆

材料

黄豆 35 克，白萝卜 30 克，红豆 35 克。

做法

1. 红豆、黄豆洗净，用清水泡软；白萝卜洗净，去皮、切丁。
2. 将上述材料放入豆浆机中，加适量水搅打成豆浆，并煮沸；滤出豆浆，趁热饮用。

特别提示

白萝卜以皮细嫩光滑，用手指轻弹声音沉重、结实者为佳。

宜 √ 此豆浆对脘腹胀气者有益。

忌 × 白萝卜忌与人参等补气的中药同食。

健脾去湿

薏米红枣豆浆

材料

黄豆 60 克，薏米 30 克，红枣 2 颗。

做法

1. 黄豆、薏米用清水浸泡 2 小时，捞出洗净；红枣洗净，去核、切碎。
2. 将上述材料放入豆浆机中，加水至上、下水位线之间，搅打成豆浆，煮沸后滤出即可。

特别提示

薏米以坚实、味甘淡者为上品。

宜 √ 湿热体质之人尤其适合食用薏米。

忌 × 红枣不宜与鳝鱼同食。

补肾润燥

黑芝麻黑枣豆浆

材料

黑豆 70 克，黑芝麻 15 克，黑枣 2 颗。

做法

1. 黑豆泡软，捞出洗净；黑芝麻洗净碾碎；黑枣洗净，去核。
2. 将上述材料放入豆浆机中，添水搅打成豆浆，并煮沸。
3. 滤出后即可饮用。

特别提示

好的黑枣皮色乌亮有光，黑里泛红。

宜	√ 黑枣补肾、养胃，很适宜男性食用。
忌	× 黑枣性寒，脾胃虚寒者不宜饮用。

补血美容

木耳黑米豆浆

材料

黄豆、黑米各 40 克，黑木耳 15 克。

做法

1. 黄豆、黑米分别洗净，用清水浸泡 2 小时；黑木耳泡发洗净撕片。
2. 将上述材料放入豆浆机中，加水至上、下水位线之间，搅打成豆浆，煮沸后滤出即可。

特别提示

黑米以颜色黑亮、颗粒饱满、表面似有膜包裹者为佳。

宜	√ 黑米补血补气，很适宜气血不足者食用。
忌	× 病后消化弱者忌食黑米。

补气养血

桂圆红枣豆浆

材料

黄豆 65 克，桂圆 30 克，红枣 3 颗。

做法

❶ 黄豆用清水泡软，捞出洗净；桂圆去壳、去核，洗净；红枣洗净，去核。

❷ 将上述材料放入豆浆机中，添水搅打成豆浆，煮沸后滤出即可。

特别提示

桂圆不宜长期保存，建议现买现食。

宜	√ 此豆浆特别适合失眠多梦者饮用。
忌	× 桂圆助包心火，故火大者忌食。

调气祛湿

薏米红绿豆浆

材料

绿豆、红豆、薏米各 30 克。

做法

❶ 薏米淘洗干净，泡软；绿豆、红豆浸泡 4 ~ 6 小时后淘洗干净。

❷ 将上述材料放入豆浆机中，添水搅打成豆浆，煮沸后滤出即可。

特别提示

薏米性凉，宜把薏米炒一下再食用，健脾效果好。

宜	√ 此豆浆对高血压、眼疾患者有益。
忌	× 服用温补药时不宜食用绿豆。

滋补肝肾

枸杞黑芝麻豆浆

材料

黄豆 60 克，黑芝麻 30 克，枸杞 10 克。

做法

1. 黄豆、枸杞用水泡软，捞出洗净；黑芝麻洗净碾碎。
2. 将黄豆、黑芝麻碎放入豆浆机中，加水搅打成豆浆，并煮熟。
3. 滤出豆浆，撒上枸杞即可。

特别提示

黑芝麻应隔绝空气，于阴凉、干燥、通风处保存。

宜	√ 用眼过度者常食用枸杞可缓解视疲劳。
忌	× 黑芝麻多油脂，腹泻便溏者应少食。

养心安神

小麦红豆浆

材料

红豆 50 克，小麦 40 克。

做法

1. 红豆泡软，捞出洗净；小麦淘洗干净，用清水浸泡 2 小时。
2. 将红豆、小麦放入豆浆机中，加适量水搅打成豆浆；煮沸后滤出，即可饮用。

特别提示

小麦以色泽深褐，麦粒饱满、完整并有淡淡坚果味者为佳。

宜	√ 此豆浆特别适合哺乳妇女回乳时饮用。
忌	× 小麦不宜与枇杷同食。

四季养生豆浆

“春温、夏长、秋收、冬藏”是四季的特点。遵循自然规律，适时搭配食材，可最大限度发挥豆浆这一养生佳品的功效，集防病、保健于一体。

开胃益中

芝麻黑米豆浆

材料

黄豆 50 克，黑芝麻 10 克，黑米 40 克，白糖适量。

宜 √ 黑米特别适合脾胃虚弱之人食用。

忌 × 滑精者忌食黑芝麻。

做法

1. 黄豆、黑米分别泡软洗净；黑芝麻洗净，沥干水分后碾碎。
2. 将黄豆、黑米、黑芝麻放入豆浆机中，加适量清水搅打成浆，并煮沸。
3. 过滤后加入白糖即可。

特别提示

将黑芝麻碾碎，能让豆浆更细腻，营养更易被吸收。

固肾益精

山药枸杞豆浆

材料

黄豆 30 克，山药、枸杞各适量。

做法

❶ 将黄豆泡软，洗净；山药去皮，洗净切块，泡在清水里；枸杞洗净泡软。

❷ 将上述材料放入豆浆机中，添水搅打成豆浆，煮沸后滤出即可。

特别提示

枸杞应置阴凉干燥处，防闷热、防潮、防蛀。

宜 √ 眩晕耳鸣者尤适合饮用此豆浆。

忌 × 感冒发热者不宜饮用此豆浆。

健脾养胃

花生豆浆

材料

黄豆 50 克，花生仁 35 克。

做法

❶ 将黄豆泡软，洗净；花生仁浸泡洗净。

❷ 将上述材料放入豆浆机中，添水搅打成豆浆，煮沸后滤出即可。

特别提示

花生仁以颗粒饱满、油润而有光泽者为佳。

宜 √ 花生含钙高，对儿童尤为有益。

忌 × 胆囊切除者不宜食用花生。

提神健脑

牛奶花生豆浆

材料

黄豆 50 克，花生仁 20 克，牛奶 250 毫升，白糖适量。

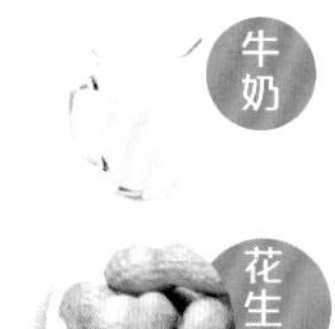

花生仁

做法

1. 黄豆用清水泡软，捞出洗净；花生仁洗净。
2. 将花生仁、黄豆倒入豆浆机中，加水搅打成豆浆，并煮沸。
3. 过滤后调入白糖，待豆浆凉至温热时倒入牛奶搅拌均匀即可。

特别提示

牛奶不宜在豆浆滚烫时加入，会破坏牛奶的营养。

宜 √ 中年妇女常喝此豆浆可延缓骨质流失。

忌 × 痰湿积饮者慎饮牛奶，以免助湿生痰。

养血活血

四豆红枣豆浆

材料

黄豆35克，黑豆、青豆、豌豆、花生仁共35克，红枣适量。

宜 √ 此豆浆对乳汁不通者有益。

忌 × 豌豆不宜与鸭肉同食。

做法

1. 将四豆和花生仁预先用水泡软，捞出洗净；红枣洗净去核，切成小块。
2. 将所有材料放入豆浆机中，添水，搅打成浆，并煮沸。
3. 滤出豆浆，装杯即可。

降压活血

松花蛋黑米豆浆

材料

黄豆 30 克，松花蛋 1 个，黑米 40 克，盐、鸡精各少量。

做法

1. 黄豆加水泡软，洗净；黑米略泡，洗净；松花蛋去壳，切小块。
2. 将上述材料放入豆浆机中，添加适量清水搅打成浆，并煮熟。
3. 过滤后添加少量盐、鸡精调味即可。

宜 √ 黑米尤其适合贫血之人食用。

忌 × 脾阳不足者不宜饮用松花蛋。

降脂防癌

白果豆浆

材料

黄豆 70 克，白果 15 克，冰糖适量。

做法

1. 黄豆用清水浸泡 10 小时，洗净；白果去外壳，洗净后用温水浸泡 1 个小时。
2. 将黄豆和白果放入豆浆机中，加水，搅打成浆并煮沸。
3. 过滤后加入冰糖搅拌至融化即可饮用。

宜 √ 小便白浊、频数者可适量食用白果。

忌 × 此豆浆不适宜糖尿病患者饮用。

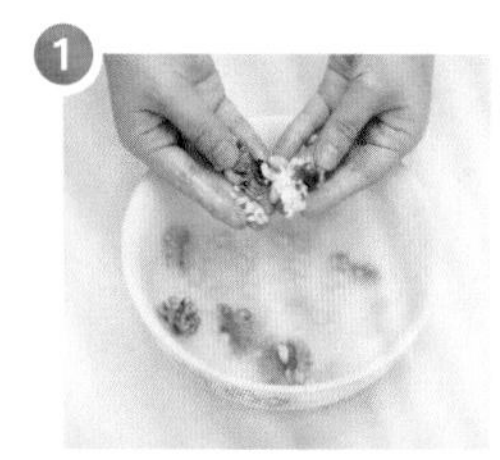

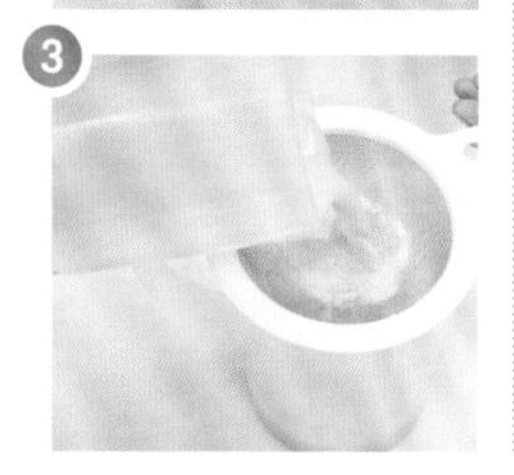

轻身益气

核桃米豆浆

材料

黄豆、大米各 30 克，核桃仁、冰糖各适量。

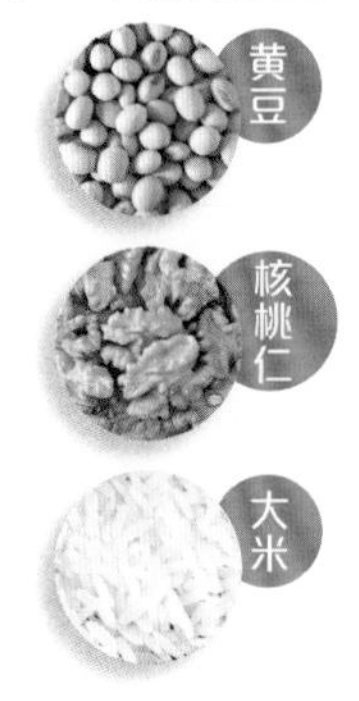

做法

1. 黄豆用水泡软并洗净；大米淘洗干净。
2. 将黄豆、大米、核桃仁一起放入豆浆机中，添水搅打成浆，并煮沸。
3. 过滤后添加适量冰糖调味即可。

特别提示

核桃的褐色表皮营养丰富，不要去除。

宜 √ 此豆浆对于脑力工作者有利。

忌 × 素有内热及痰湿重者不宜饮用此豆浆。

祛湿健体

紫薯南瓜豆浆

材料

黄豆35克，紫薯15克，南瓜、白糖适量。

做法

1. 黄豆泡软，洗净；紫薯、南瓜去皮洗净，切丁状。
2. 将黄豆、紫薯、南瓜放入豆浆机中，添水搅打成豆浆；煮沸后滤出，调入白糖即可。

宜 √ 此豆浆对免疫力较弱者有益。

忌 × 不宜往此豆浆中添加草莓等酸性水果。

解暑润燥

百合桑叶豆浆

材料

黄豆、红豆、黑豆各20克，百合10克，干桑叶3片。

做法

1. 黄豆、红豆、黑豆、百合用水浸泡，捞出洗净；干桑叶洗净，沥水。
2. 将上述材料放入豆浆机中，添水搅打成豆浆，并煮沸；滤出后即可饮用。

宜 √ 百合清肺润燥，可治肺燥咳嗽。

忌 × 百合性偏凉，虚寒出血者不宜饮用。

改善痛经

山楂米豆浆

材料

黄豆60克，山楂25克，大米20克，白糖10克。

做法

1. 黄豆泡软，洗净；大米淘洗干净；山楂洗净，去蒂，除核，切碎。
2. 将上述材料放入豆浆机中，添水搅打成豆浆，煮沸后滤出，加入白糖调匀即可。

特别提示

山楂每日推荐食用量为3~4个，不要过量食用。

宜 √ 此豆浆对心血管疾病患者有益。

忌 × 孕妇不宜多饮此豆浆。

活血化瘀

葡萄干柠檬豆浆

材料

黄豆70克，葡萄干20克，柠檬1个。

做法

1. 将黄豆泡软，洗净；葡萄干用温水洗净；柠檬取汁。
2. 将黄豆、葡萄放入豆浆机中，添水搅打成豆浆，煮沸后滤出，加柠檬汁调匀即可。

特别提示

可以根据个人爱好添加柠檬汁的量。

宜 √ 此豆浆对冠心病、贫血患者有益。

忌 × 肥胖之人不宜多吃葡萄干。

调气祛湿

蒲公英小米绿豆浆

材料

绿豆60克，小米、蒲公英各20克，蜂蜜10克。

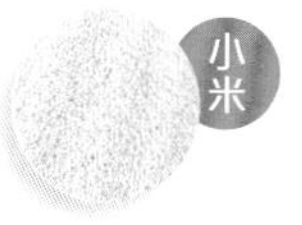

做法

1. 绿豆泡软，洗净；小米洗净，浸泡2个小时；蒲公英煎汁，去渣留汁。
2. 将绿豆、小米放入豆浆机中，添入煎好的蒲公英汁搅打成豆浆，煮沸后滤出，待豆浆温热时加入蜂蜜即可。

特别提示

小米的每餐食用量为60克，不宜多食。

宜 √ 小米适宜作为老人及产妇的滋补品。

忌 × 脾胃功能不好者不宜服用蒲公英。

活血消积

慈姑桃子小米豆浆

材料

黄豆50克，慈姑30克，桃子1个，绿豆15克，小米10克。

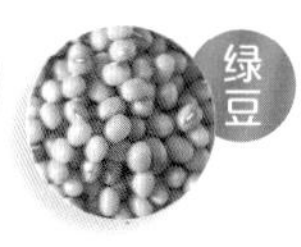

做法

1. 黄豆、绿豆浸泡6小时，洗净；小米洗净，浸泡；慈姑去皮，洗净，切碎；桃子洗净，去核，切碎。
2. 将所有原材料放入豆浆机中，添水搅打成豆浆，煮沸后滤出即可。

特别提示

孕妇不宜饮用此豆浆。

宜 √ 慈姑敛肺止咳，适合咳嗽患者食用。

忌 × 便秘者不宜饮用慈姑。

利湿祛火

苹果柠檬豆浆

材料

黄豆 70 克，苹果 1 个，柠檬 1/2 个。

做法

1. 将黄豆泡软，洗净；苹果去核、去皮，切小块；柠檬挤汁。
2. 将苹果、黄豆放入豆浆机中，添水搅打成豆浆，煮沸后滤出，调入柠檬汁即可。

特别提示

此豆浆若带豆渣饮用，能获取足量的膳食纤维。

宜	√ 柠檬对维生素 C 缺乏者十分有益。
忌	× 肾炎和糖尿病患者不宜饮用此豆浆。

清热化湿

薏米绿豆浆

材料

绿豆 80 克，薏米、冰糖各少许。

做法

1. 绿豆、薏米泡水 3 小时至发软，捞出洗净。
2. 将泡好的绿豆、薏米放入豆浆机中，添水搅打成豆浆。
3. 煮沸后滤出豆浆，加入冰糖拌匀即可。

特别提示

绿豆以颗粒大小均匀圆润、颜色鲜绿者为佳。

宜	√ 此豆浆对湿热体质者有益。
忌	× 胃阳不足者不宜饮用此豆浆。

清热降压

百合莲子绿豆浆

材料

绿豆 60 克，莲子、鲜百合各 10 克，白糖适量。

做法

❶ 绿豆加水浸泡 8 小时，捞出洗净；莲子泡软去心，洗净；百合洗净，分成小片。

❷ 将上述材料放入豆浆机中，添水搅打成豆浆，并煮熟。

❸ 过滤后加入适量白糖调匀即可。

宜 √ 莲子适合癌症患者放疗、化疗后食用。

忌 × 风寒咳嗽者不宜饮用此豆浆。

祛火润燥

百合荸荠米豆浆

材料

黄豆、大米各 30 克，荸荠 50 克，百合 10 克。

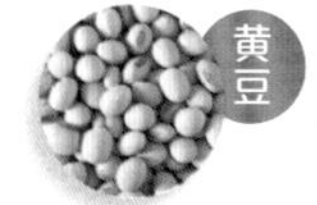

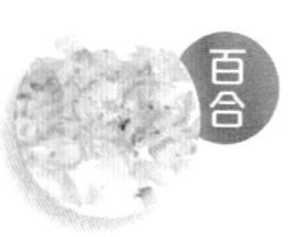

做法

❶ 黄豆泡软，洗净；百合泡发，洗净，分瓣；大米洗净；荸荠去皮，洗净，切小丁。

❷ 将上述材料放入豆浆机中，添水搅打成豆浆，煮沸后滤出即可。

宜 √ 此豆浆养心安神，适合神经衰弱者饮用。

忌 × 有血瘀者不宜饮用此豆浆。

养心安神

小米红枣豆浆

材料

黄豆 40 克，小米、红枣、白糖各适量。

做法

❶ 黄豆加水浸泡 6 小时，捞出洗净；小米洗净；红枣洗净，去核切碎。

❷ 将上述材料放入豆浆机中，添水搅打成豆浆，并煮沸。

❸ 过滤后即可饮用。

宜 √ 此豆浆对体虚胃弱者有益。

忌 × 气滞者不宜饮用此豆浆。

补气养胃

小米葡萄干绿豆浆

材料

绿豆、小米各 35 克，葡萄干 10 克。

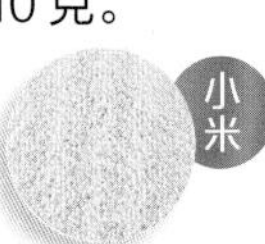

做法

❶ 绿豆预先加水浸泡 8 小时，捞出洗净；小米淘洗干净，用清水浸泡 2 小时；葡萄干用温水洗净。

❷ 将上述材料一同倒入豆浆机中，加水至上、下水位线之间。

❸ 接通电源，按照提示将豆浆制作完毕，过滤即可饮用。

宜 √ 此豆浆对心烦血虚者有益。

忌 × 绿豆不宜与海鱼同食。

清热解毒

黄豆红豆黑豆浆

材料

黄豆、红豆、黑豆各 25 克，冰糖 5 克。

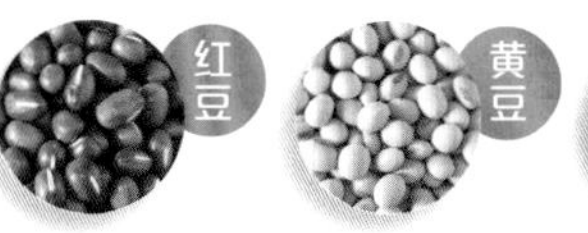

做法

❶ 黄豆、红豆、黑豆放入清水中浸泡至发软，捞出洗净。

❷ 将上述材料放入豆浆机中，加水至上、下水位线之间，搅打成豆浆，并煮沸；滤出后，加冰糖拌匀即可。

宜 √ 黑豆对肾阴亏虚者有补益作用。

忌 × 经期女性不宜饮用此豆浆。

活血补益

莲藕米豆浆

材料

黄豆、大米、莲藕各 30 克，绿豆 20 克。

做法

❶ 黄豆、绿豆泡软，洗净；大米洗净，浸泡半小时；莲藕去皮，洗净，切碎。

❷ 将上述材料都放入豆浆机中，添水搅打成豆浆，煮沸后滤出即可。

特别提示

藕孔较小的莲藕质量较好。

宜 √ 身体内热者尤适合饮用此豆浆。

忌 × 服药时不要喝此豆浆，以免降低药效。

滋阴润肺

银耳百合黑豆浆

材料

黑豆50克，鲜百合25克，银耳20克，冰糖适量。

做法

1. 黑豆预先加水浸泡8小时，洗净捞出；鲜百合洗净，撕小瓣；银耳泡发洗净，撕小块。
2. 将上述材料放入豆浆机中，添加适量清水，搅打成浆，并煮沸。
3. 过滤后，加入冰糖搅匀即可饮用。

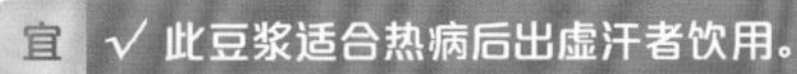

宜 √ 此豆浆适合热病后出虚汗者饮用。

忌 × 黑豆忌与蓖麻子、厚朴同食。

补脾和胃

莲子花生豆浆

材料

黄豆50克，莲子、花生各10克，白糖适量。

做法

1. 黄豆预先泡软，洗净；莲子加水泡软，去心洗净；花生去壳，洗净。
2. 将上述材料放入豆浆机中，添水搅打成浆，并煮沸。
3. 过滤后，调入白糖即可饮用。

特别提示

可将黄豆换成红豆，具有补血的功效。

宜 √ 此豆浆对脾肾亏虚者有益。

忌 × 腹胀痞满者不宜饮用此豆浆。

清心除烦

竹叶米豆浆

材料

黄豆60克，大米10克，竹叶3克。

做法

1. 将黄豆预先用水浸泡8小时，捞出洗净；大米淘洗净，加清水浸泡1小时；竹叶洗净，用开水泡成竹叶茶。
2. 将黄豆、大米放入豆浆机杯体中，添水搅打成豆浆，并煮沸。
3. 将豆浆过滤，加入竹叶茶调匀即可。

宜 √ 此豆浆对烦热不安者有益。

忌 × 胃寒便溏者不宜饮用此豆浆。

养护心肌

莲枣红豆浆

材料

红豆40克，莲子20克，红枣10克，白糖适量。

做法

1. 红豆泡软洗净；莲子泡软，洗净去心；红枣加温水泡发，洗净，去核，切小块。
2. 将上述材料放入豆浆机中，加水搅打成豆浆，并煮沸。
3. 过滤后，加入适量白糖调匀即可。

特别提示

此豆浆还可加入黑芝麻，更添补肾效果。

宜 √ 此豆浆尤其适合产后贫血者。

忌 × 平素大便干结难解者不宜饮用莲子。

除燥润肺

莲子豆浆

材料

黄豆 50 克，莲子 20 克，冰糖适量。

做法

❶ 黄豆加水泡至发软，捞出洗净；莲子加水泡软，去心洗净。

❷ 将所有材料放入豆浆机中，加水搅打成豆浆，并煮沸。

❸ 过滤，趁热加入冰糖调匀即可。

宜	√ 此豆浆对心神不安及肺燥者有益。
忌	× 便秘及脘腹胀闷者慎饮此豆浆。

养心安神

百合红豆浆

材料

红豆 70 克，鲜百合 10 克，白糖适量。

做法

❶ 红豆预先加水泡 6 ~ 8 小时，捞出洗净；鲜百合洗净，分成小瓣。

❷ 将泡好的红豆和鲜百合一起放入豆浆机中，加水搅打成豆浆。

❸ 过滤后，加入白糖调匀即可。

宜	√ 此豆浆对素体多湿、肺弱者有益。
忌	× 大便稀薄者不宜饮用此豆浆。

润肺止咳

杏仁米豆浆

材料

杏仁 15 克，大米、黄豆各 30 克，白糖适量。

做法

1. 黄豆用水泡软并洗净；大米淘洗干净；杏仁略泡并洗净。
2. 将上述材料放入豆浆机中，加适量清水搅打成豆浆，并煮沸；过滤后加入白糖调匀即可。

特别提示

杏仁上的小洞是蛀粒，白花斑为霉点，这样的杏仁不能食用。

宜 ✓ 此豆浆适合咳嗽、肺燥之人饮用。

忌 × 产妇、糖尿病患者不宜饮用此豆浆。

舒缓焦虑

百合红绿豆浆

材料

红豆、绿豆各 30 克，百合 10 克。

做法

1. 红豆、绿豆加水泡至发软，洗净捞出；百合洗净，撕成小瓣。
2. 将上述材料装入豆浆机，加适量清水打成豆浆并煮沸。
3. 将豆浆过滤，装杯即可。

宜 ✓ 此豆浆对于心情抑郁者有益。

忌 × 绿豆忌与狗肉同食。

降低血糖

糯米黑豆浆

材料

黑豆 50 克，糯米 20 克，白糖适量。

做法

❶ 黑豆入水浸泡 8 小时，捞出洗净；糯米洗净泡软。

❷ 将黑豆、糯米放入豆浆机中，添水搅打成豆浆。

❸ 过滤，加入适量白糖调匀即可。

特别提示

糖尿病及高血糖患者宜去白糖饮用。

宜 √ 此豆浆可治体虚所致自汗、盗汗。

忌 × 痰火偏盛之人忌食糯米。

养肝明目

红枣枸杞豆浆

材料

黄豆 45 克，红枣 15 克，枸杞 10 克。

做法

❶ 将黄豆浸泡 6 ~ 16 小时，捞出洗净；红枣洗净去核；枸杞洗净。

❷ 将上述材料装入豆浆机内加水，搅打成豆浆并煮沸。

❸ 过滤后装杯即可。

特别提示

红枣洗净后最好浸泡 10 分钟左右。

宜 √ 此豆浆适合肾虚精亏及血虚者饮用。

忌 × 枸杞不宜与绿茶同食。

养血补虚

人参紫米红豆浆

材料

黄豆 20 克，人参 5 克，红豆 30 克，紫米 20 克，蜂蜜 10 克。

做法

1. 黄豆、红豆均加水泡软，洗净；紫米洗净，浸泡；人参洗净煎汁，留汁备用。
2. 将上述材料倒入豆浆机中，加水搅打成豆浆，煮沸后过滤，加入人参煎汁，待温热后放入蜂蜜即可。

宜 √ 人参对久病虚羸者有益。

忌 × 孕妇及儿童不宜食用人参。

补气补血

红枣糯米豆浆

材料

黄豆 40 克，糯米、红枣各 15 克，冰糖适量。

做法

1. 黄豆、糯米分别淘洗干净，用水泡软；红枣用温水洗净，去核，切成小块。
2. 将上述材料倒入豆浆机中，加水打成豆浆，倒入杯中，调入冰糖即可。

特别提示

糯米多食易引起腹胀。

宜 √ 此豆浆对血虚、多汗者有益。

忌 × 素有痰热风病者不宜饮用此豆浆。

润肠通便

黑米南瓜豆浆

材料

黄豆 50 克，黑米、南瓜各 30 克。

做法

❶ 黄豆用清水泡软，捞出洗净；黑米淘洗干净泡软；南瓜洗净，去皮、去瓤，切丁。

❷ 将上述材料放入豆浆机中，添水搅打成豆浆，煮沸后滤出即可。

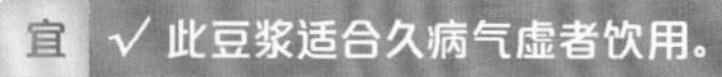

宜 √ 此豆浆适合久病气虚者饮用。

忌 × 患有脚气、黄疸者忌饮此豆浆。

通便排毒

红薯芝麻豆浆

材料

黄豆、红薯各 40 克，黑芝麻 15 克。

做法

❶ 黄豆洗净，用清水泡至发软；红薯洗净，去皮、切丁；黑芝麻洗净碾碎。

❷ 将上述材料放入豆浆机中，加适量水搅打成豆浆，煮沸后滤出即可饮用。

特别提示

红薯耐储存，置于阴凉通风处可保存 1 ~ 2 个月，但要注意防虫蛀。

宜 √ 吸烟者饮用此豆浆可有效预防肺气肿。

忌 × 腹胀、腹满者应慎食此豆浆。

不同人群宜喝的豆浆

不同体质的人群适宜饮用的豆浆各不相同。譬如，孕妇适宜喝加入水果或粗粮的豆浆。有针对性地选择适合自己饮用的豆浆，能使豆浆的营养功效得到充分发挥，更益于滋补身体。

抑制血压上升

香蕉豆浆

材料

黄豆 50 克，香蕉 1 根，白糖适量。

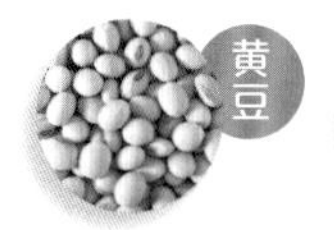
黄豆

白糖

香蕉

宜 ✓ 中虚脘痛者适量进食白糖，可镇痛。

忌 × 香蕉含钾多，肾功能不全者慎食。

做法

❶ 黄豆加水浸泡至变软，洗净；香蕉去皮，切成小块。

❷ 将黄豆、香蕉倒入豆浆机中，加水搅打并煮沸。

❸ 加入白糖拌匀即可。

特别提示

《本草纲目》云："（白糖）久食则助热，损齿。"

防治动脉硬化

燕麦苹果豆浆

材料

黄豆 40 克，苹果、燕麦片、白糖各适量。

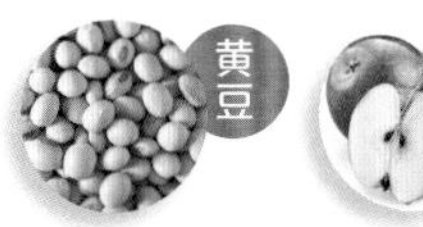

做法

1. 黄豆预先浸泡至软，洗净；苹果取果肉，切成小块。
2. 将泡好的黄豆和苹果一同倒入豆浆机中，添水搅打成浆，并煮沸。
3. 过滤后加入燕麦片、白糖搅匀即可。

特别提示

苹果忌与水产品同食，否则会导致便秘。

宜 √ 此豆浆特别适合习惯性便秘者食用。

忌 × 苹果富含糖类，糖尿病人应慎食。

缓解焦虑性失眠

玉米银耳枸杞豆浆

材料

玉米、黄豆各 30 克，银耳 10 克，枸杞、冰糖各适量。

做法

1. 黄豆加水泡软，洗净；银耳泡发，去杂质，洗净撕小朵；玉米、枸杞分别洗净。
2. 将上述材料倒入豆浆机中，加水打成浆，煮沸后滤出，加冰糖拌匀即可。

特别提示

熟银耳忌久放。

宜 √ 银耳能润肺美肤，爱美人士可多食。

忌 × 经期女性不宜饮用此豆浆。

促进胎儿神经发育

小米豌豆浆

材料

黄豆50克，小米30克，豌豆15克，冰糖10克。

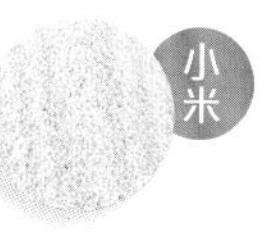

做法

1. 黄豆加水浸泡至变软，洗净；小米淘洗干净，清水浸泡 2 小时；豌豆洗净。
2. 将上述材料倒入豆浆机中，加水搅打成浆，并煮沸。
3. 加入冰糖，搅匀后即可饮用。

特别提示

豌豆多食会发生腹胀。

宜 ✓ 此豆浆对脾胃不适者有益。

忌 × 豌豆与醋不宜同食。

缓解肺热型咳嗽

莲藕雪梨豆浆

材料

黄豆 30 克，雪梨、莲藕各适量。

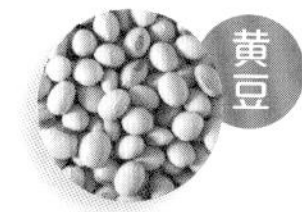

做法

1. 黄豆泡至发软，捞出洗净；雪梨洗净，去皮去核，切小块；莲藕去皮洗净，切片。
2. 将上述材料放入豆浆机中，添水搅打成豆浆。
3. 煮沸后滤出豆浆，装杯即可。

特别提示

食欲不振的人适合经常吃一些藕。

宜 ✓ 此豆浆对燥咳痰多者有益。

忌 × 大便溏泄者不宜饮用此豆浆。

促进产后乳汁分泌

红豆红枣豆浆

材料

黄豆 30 克，红豆、红枣各 20 克，冰糖适量。

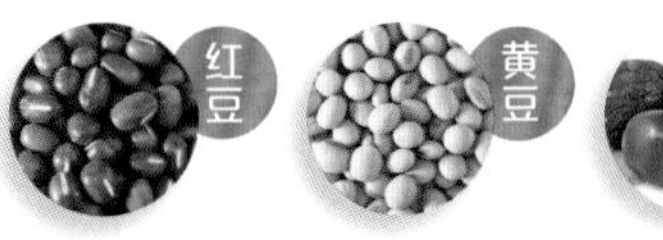

做法

❶ 黄豆、红豆分别浸泡至软，捞出洗净；红枣用温水洗净，去核，切成小块。

❷ 将黄豆、红豆、红枣放入豆浆机中，添水搅打成豆浆，煮沸后滤出，加入冰糖拌匀即可。

特别提示

服用退热药时不宜饮用此豆浆。

宜 √ 营养不良性水肿患者宜饮此豆浆。

忌 × 红豆能通利水道，尿频者忌食。

增强产妇免疫力

腰果小米豆浆

材料

黄豆、小米各 35 克，腰果 20 克，白糖适量。

做法

❶ 黄豆预先浸泡至软，捞出洗净；小米淘洗干净；腰果略泡并洗净。

❷ 上述材料放入豆浆机中，添水搅打成豆浆，煮沸后滤出，加入冰糖拌匀即可。

特别提示

腰果虽有很好的食疗作用，但不宜过量食用，否则易导致肥胖。

宜 √ 小米搭配黄豆可使营养互补。

忌 × 腰果油脂丰富，高脂血症患者少食。

滋补气虚者元气

红薯山药豆浆

材料

黄豆、红薯、山药、大米、小米、燕麦片各适量。

做法

❶ 黄豆、大米、小米预先浸泡至软，捞出洗净；红薯、山药分别洗净，去皮，切丁；燕麦片洗净。

❷ 将所有原材料放入豆浆机中，添水搅打成豆浆，煮沸后滤出，装杯即可。

特别提示

把去皮的山药放冷水中，加少量醋，可防止其氧化变黑。

宜	√ 此豆浆对长期腹泻者有益。
忌	× 大便燥结者不宜饮用此豆浆。

提高体虚者免疫力

山药豆浆

材料

黄豆 45 克，山药 30 克，白糖适量。

做法

❶ 黄豆预先浸泡至软，捞出洗净；山药洗净，去皮，切成小块。

❷ 将黄豆、山药放入豆浆机中，添水搅打成豆浆，煮沸后滤出，加入白糖拌匀即可。

特别提示

在选购的时候，长短粗细一样的山药，质量重的较好。

宜	√ 此豆浆对病后虚弱者有益。
忌	× 有实邪者不宜饮用此豆浆。

有助于恢复体形

红薯豆浆

材料

红薯 40 克，黄豆 30 克，冰糖适量。

做法

❶ 黄豆加水浸泡至变软，洗净；红薯洗净，去皮，切成小块。

❷ 将黄豆、红薯倒入豆浆机中，添水搅打成浆，并煮沸。

❸ 滤出豆浆，加入冰糖拌匀即可。

宜 √ 红薯搭配黄豆，可预防动脉硬化。

忌 × 胃溃疡患者不宜饮用红薯。

帮助调节血压

荸荠黑豆浆

材料

荸荠 100 克，黑豆 60 克，冰糖 10 克。

做法

❶ 黑豆洗净，浸泡；荸荠洗净，去皮，切成丁。

❷ 将荸荠和黑豆放入豆浆机中，加水搅打成豆浆，煮沸后滤出，加入冰糖拌匀即可。

特别提示

黑豆分绿心豆和黄心豆，前者营养价值更高。

宜 √ 荸荠质嫩多津，可治热病津伤之症。

忌 × 荸荠性寒，脾胃虚寒之人不宜多吃。

缓解风湿肿痛

薏米豆浆

材料

黄豆 70 克，薏米 20 克，冰糖适量。

做法

1. 黄豆预先浸泡至软，捞出洗净；薏米洗净泡软。
2. 将薏米、黄豆放入豆浆机中，添水搅打成豆浆，煮沸后滤出，加入冰糖拌匀即可。

特别提示

薏米夏季受潮极易生虫和发霉，故应储藏于通风干燥处。

宜 √ 此豆浆对水肿患者有益。

忌 × 经期女性不宜饮用此豆浆。

舒缓视疲劳

枸杞豆浆

材料

黄豆 70 克，枸杞 15 克。

做法

1. 黄豆洗净，用清水泡至发软；枸杞泡发洗净。
2. 将黄豆、枸杞放入豆浆机中，添水搅打成豆浆。
3. 煮沸后滤出豆浆，装杯即可。

特别提示

不要选择颜色过于鲜艳的枸杞，那些枸杞可能是经硫黄熏蒸过的。

宜 √ 枸杞与黄豆相配可健脾明目。

忌 × 枸杞不宜与藿菜同食。

预防小儿佝偻病

燕麦芝麻豆浆

材料

黄豆 35 克，熟黑芝麻 10 克，燕麦 30 克，冰糖适量。

做法

❶ 黄豆预先浸泡至软，捞出洗净；燕麦淘洗干净，用清水浸泡 2 小时；黑芝麻碾碎。

❷ 将上述原材料放入豆浆机，添水搅打成浆并煮沸。

❸ 滤出豆浆，加冰糖拌匀。

宜	√ 燕麦富含亚油酸，可预防便秘。
忌	× 慢性肠炎患者忌食黑芝麻。

延缓机体衰老

巧克力豆浆

材料

黄豆 65 克，巧克力 20 克。

做法

❶ 黄豆洗净，用清水浸泡 3 小时。

❷ 将黄豆放入豆浆机中，加入巧克力，倒入适量清水，搅打成浆。

❸ 煮沸后滤出即可。

特别提示

黄豆以豆粒饱满完整、颗粒大、金黄色者为佳。

宜	√ 巧克力是抗氧化食品，能延缓衰老。
忌	× 糖尿病患者不宜饮用此豆浆。

提升体弱者免疫力

南瓜双豆豆浆

材料

绿豆、红豆各 30 克，南瓜 20 克，糖适量。

做法

1. 绿豆、红豆分别加清水浸泡至软，捞出洗净；南瓜洗净去皮，切成小块。
2. 将所有原材料放入豆浆机中，添水搅打成豆浆，煮沸后滤出，加糖拌匀，装杯即可。

特别提示

将南瓜放在阴凉处，可保存 1 个月左右。

宜 ✓ 此豆浆适用于中年人和肥胖者食用。

忌 × 南瓜最好不要跟海虾同食。

有利于婴幼儿睡眠

小米枸杞豆浆

材料

黄豆 50 克，小米 30 克，枸杞 10 克。

做法

1. 黄豆预先浸泡至软，捞出洗净；小米加水浸泡 3 小时，捞出洗净；枸杞用温水洗净。
2. 将黄豆、小米、枸杞一同放入豆浆机中，添水搅打成豆浆，煮沸后滤出，装杯即可。

特别提示

此豆浆还可以加入大米，可提高其营养价值。

宜 ✓ 此豆浆对消化不良者有益。

忌 × 素体虚寒、小便清长者应少食小米。

延缓机体衰老

燕麦紫薯豆浆

材料

黄豆、燕麦各 30 克，紫薯适量。

做法

1. 黄豆洗净泡软；燕麦淘洗干净；紫薯蒸熟，去皮、切小块。
2. 将上述材料放入豆浆机中，加水至上、下水位线之间。
3. 过滤搅打成豆浆，煮沸后滤出即可饮用。

宜 √ 紫薯富含花青素，抗氧化作用较好。

忌 × 湿阻脾胃、气滞食积者应慎食紫薯。

为脑力劳动者补充能量

核桃芝麻豆浆

材料

黄豆 55 克，核桃仁 10 克，熟黑芝麻 5 克，冰糖适量。

做法

1. 黄豆预先浸泡至软，捞出洗净；核桃仁碾碎；黑芝麻碾成末。
2. 将黄豆、核桃仁、黑芝麻放入豆浆机中，添水搅打成浆并煮沸；滤出豆浆，加入冰糖搅拌至化开即可。

宜 √ 用脑过度者食用核桃仁可缓解疲劳。

忌 × 阴虚火旺者需慎食核桃仁。

为大量出汗者补充水分与能量

小麦玉米豆浆

材料

黄豆 45 克，小麦 20 克，玉米粒 30 克，冰糖适量。

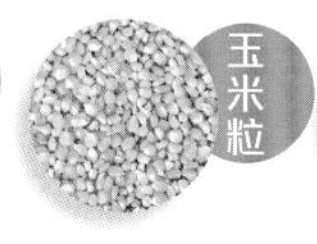

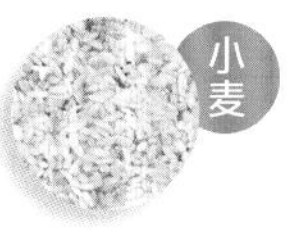

做法

1. 黄豆预先浸泡至软，捞出洗净；玉米粒洗净；小麦洗净。
2. 将黄豆、小麦、玉米放入豆浆机中，添水搅打成浆，并煮沸；滤出豆浆，加入冰糖拌匀即可。

宜 √ 此豆浆对脾胃气虚者有益。

忌 × 尿失禁者忌食玉米。

提高婴幼儿的免疫力

胡萝卜豆浆

材料

黄豆 50 克，胡萝卜 30 克。

做法

1. 黄豆泡软，洗净；胡萝卜洗净切粒。
2. 将黄豆和胡萝卜倒入豆浆机中，加水搅打成浆，煮沸后滤出即可。

特别提示

给孩子饮用此豆浆时最好不要加白糖，因为白糖先要在胃内经过消化酶的分解作用转化为葡萄糖才能被吸收，对消化功能比较弱的婴幼儿不利。

宜 √ 此豆浆对食欲不振者有益。

忌 × 胡萝卜忌与西红柿同食。

防止动脉硬化

豌豆大米绿豆浆

材料

大米 75 克，豌豆 10 克，绿豆 15 克，冰糖适量。

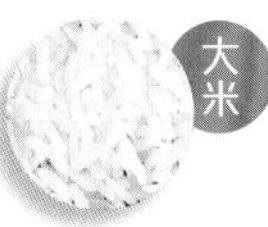

做法

1. 绿豆、豌豆用清水浸泡 4 小时，洗净；大米淘洗干净。
2. 将上述材料倒入豆浆机中，加水至上、下水位线之间，搅打成浆并煮沸，滤出后，加入冰糖拌匀即可。

宜	√ 豌豆富含粗纤维，对便秘患者有益。
忌	× 绿豆其性寒凉，素体阳虚之人慎食。

为体虚者增补力气

黄芪米豆浆

材料

黄豆 50 克，大米 30 克，黄芪 15 克。

做法

1. 黄豆用清水泡软，捞出洗净；大米淘洗干净；黄芪洗净浮尘用水煎汁
2. 将黄豆、大米放入豆浆机中，加入煎好的黄芪汁至上、下水位线之间，搅打成浆，煮沸后滤出即可。

特别提示

感冒期间不要服用黄芪。

宜	√ 此豆浆对体虚病弱之人有滋补作用。
忌	× 大米不可与碱同食，以免营养流失。

为青少年补充蛋白质

花生双豆豆浆

材料

绿豆 80 克，黄豆、花生仁各 10 克，白糖适量。

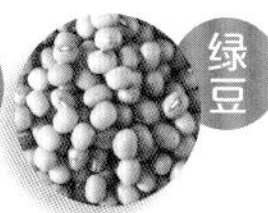

做法

1. 绿豆、黄豆、花生仁用水泡软，洗净。
2. 将所有材料放入豆浆机中，加水搅打成浆，煮沸后加入白糖拌匀即可。

特别提示

此豆浆性寒，脾胃虚寒者应少饮或不饮。

宜 ✓ 花生适合脚气病患者食用。

忌 × 霉变的花生含黄曲霉毒素，不可食用。

预防中年发福

玉米双豆豆浆

材料

黄豆 40 克，红豆 20 克，玉米粒 30 克。

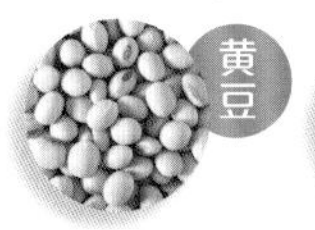

做法

1. 黄豆、红豆分别加水浸泡 6 小时至变软，捞出洗净；玉米粒洗净。
2. 将黄豆、红豆、玉米粒倒入豆浆机中，添水搅打成浆，并煮沸；滤出豆浆，装杯即可。

特别提示

红豆以颜色深红者为佳。

宜 ✓ 此豆浆适合水肿之人饮用。

忌 × 玉米粒忌与田螺、牡蛎同食。

为老年人补充膳食纤维

糙米双豆豆浆

材料

绿豆、黑豆各 40 克，糙米 20 克。

做法

1. 绿豆、黑豆均洗净，用清水浸泡 3 小时；糙米淘洗干净，泡至发软。
2. 将上述材料放入豆浆机中，加水至上、下水位线之间，搅打成浆。
3. 煮沸后滤出，装杯即可。

宜 √ 此豆浆有维持内分泌平衡的功效。

忌 × 服用温补药物时不宜食用绿豆。

为中老年人补充维生素

腰果莲子豆浆

材料

黄豆 40 克，腰果 25 克，莲子、板栗、薏米、冰糖各适量。

做法

1. 黄豆、薏米分别浸泡至软，捞出洗净；腰果洗净，板栗去皮洗净，莲子去心，均泡软。
2. 将黄豆、腰果、莲子、板栗、薏米放入豆浆机中，添水搅打成豆浆，煮沸过滤后加入冰糖拌匀即可。

宜 √ 维生素摄入不足的老人宜饮此豆浆。

忌 × 腹部胀满之人不宜食用莲子。

强壮中老年人腰肾

板栗小米豆浆

材料

黄豆、板栗仁各 40 克，小米 20 克。

做法

1. 黄豆用清水泡软，捞出洗净；板栗仁洗净切小块；小米淘洗干净。
2. 将上述材料放入豆浆机中，加适量水搅打成豆浆，煮沸后滤出即可。

特别提示

用手捏板栗，如颗粒坚实，一般果肉丰满。

宜	√ 此豆浆对老年肾虚者有益。
忌	× 板栗不宜与牛排同食。

为体虚者补充肾气

燕麦枸杞山药豆浆

材料

黄豆 40 克，山药 20 克，燕麦片、枸杞适量。

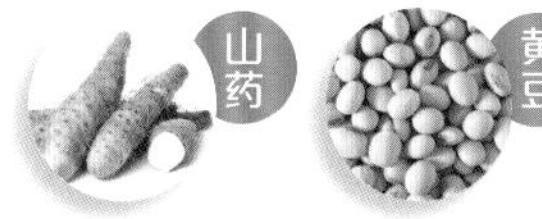

做法

1. 黄豆预先浸泡至软，捞出洗净；山药去皮，洗净，切丁；枸杞洗净，泡软。
2. 将所有原材料放入豆浆机中，添水搅打成浆，煮沸后滤出，装杯即可。

特别提示

燕麦对糖尿病患者有非常好的降糖功效。

宜	√ 此豆浆对肾气亏耗者有益。
忌	× 山药忌与甘遂同食。

有效缓解女性贫血症状

红枣双豆豆浆

材料

红豆、绿豆各 40 克，红枣 2 颗。

做法

1. 红豆、绿豆均洗净，用清水泡至发软；红枣洗净，去核。
2. 将上述材料放入豆浆机中，加水至上、下水位线之间，搅打成豆浆。
3. 煮沸后滤出豆浆，即可饮用。

宜 √ 脾虚食少者宜多食红枣。

忌 × 红枣糖分多，不适宜糖尿病者食用。

缓解更年期烦躁

桂圆糯米豆浆

材料

黄豆 50 克，桂圆、糯米各 15 克。

做法

1. 黄豆预先浸泡 10 小时至软，洗净；糯米淘洗干净，用清水浸泡 2 小时；桂圆剥壳取肉洗净。
2. 将所有原材料放入豆浆机中，添水搅打成豆浆，煮沸后滤出，装杯即可。

特别提示

糯米以米粒较大者为佳。

宜 √ 桂圆对脾胃虚寒者有益。

忌 × 发炎、发热者不宜饮用此豆浆。

增强肠胃不适者的消化功能

橘柚豆浆

材料

黄豆 30 克，橘子 60 克，柚子 30 克。

做法

1. 黄豆预先浸泡至软，捞出洗净；橘子、柚子去皮取肉。
2. 将所有原材料放入豆浆机中，加水至上、下水位线之间，搅打成浆并煮沸，过滤后，装杯即可。

特别提示

此豆浆不宜与药一起饮用，否则会降低药效。

宜	√ 此豆浆适合慢性支气管炎患者食用。
忌	× 此豆浆不宜与螃蟹同食。

有效缓解焦虑症状

莲藕豆浆

材料

黄豆 50 克，莲藕 30 克。

做法

1. 黄豆预先浸泡 10 小时，洗净；莲藕洗净去皮，切小丁。
2. 将黄豆和藕丁放入豆浆机，搅打成浆并煮沸，过滤后倒入杯中即可。

特别提示

将去皮后的莲藕放在醋水中浸泡 5 分钟后捞起擦干，可使其与空气接触后不变色。

宜	√ 莲藕能清热止血，是热病血症的食疗佳品。
忌	× 莲藕性偏凉，不可清晨空腹生食。

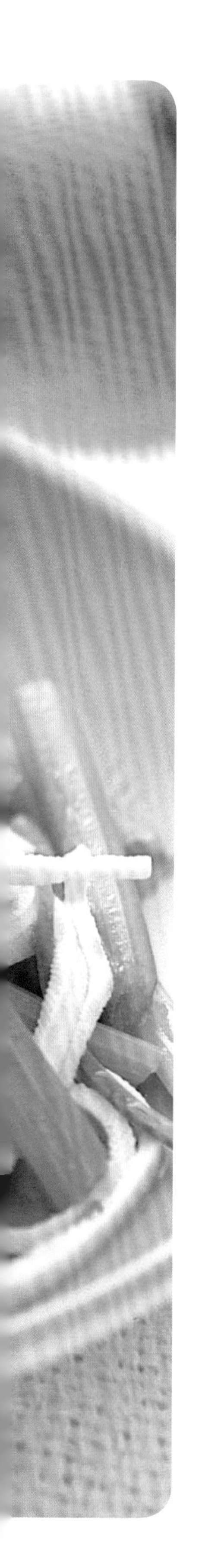

美味豆类家常菜

清爽怡人的豆类、豆香四溢的豆类制品，是日常生活中常备的食物，搭配其他原料，通过简单烹饪，就能制作出一道道让人入口难忘的经典佳肴。

豆类制品的保健作用

豆类制品是以黄豆、红豆、绿豆、豌豆、蚕豆等豆类为主要原料，经加工而成的食品。大多数豆类制品是由黄豆的豆浆凝固而成的豆腐及其再制品，包括嫩豆腐、老豆腐、豆腐干、豆腐皮、腐竹、素鸡、油豆腐、素火腿、臭豆腐等，均有极好的保健作用。

预防骨质疏松

在骨骼中，钙以无机盐的形式存在，是构成人体骨骼的主要成分，造成骨质疏松的主要原因就是钙的缺乏。豆类制品含有丰富的钙及一定量的维生素D，二者结合可有效预防和改善骨质疏松症。

提高机体免疫力

机体在不同年龄、不同生理状态下，对营养的需求是不同的，要提高机体免疫力，首先必须通过合理的膳食搭配来获得平衡的营养。豆类制品中含有丰富的赖氨酸、不饱和脂肪酸、淀粉、蔗糖，以及多种维生素和矿物质，能提高机体免疫力。

预防肠癌

便秘的原因是肠蠕动减慢，食物残渣在肠道内停留时间过长，水分被过多吸收所致。长此以往，肠毒被人体吸收，就会导致肠癌。常食豆类制品能促进肠胃蠕动，并为肠道提供充足的营养素，对防治便秘、肛裂、痔疮、肠癌等有积极的作用。

预防心脑血管疾病

易导致心脑血管疾病的危险因素有高脂肪、高脂血症、高血压等，豆类制品中所含的豆甾醇与不饱和脂肪酸有较好的祛脂作用，加上其热量很低，所以可减轻体重，对预防心脑血管疾病有很好的效果。

减肥

豆类制品的脂肪含量、热量均比其他食物低，肥胖者吃后不仅有饱腹感，还不会增加体重，所以有利于减肥。

改善女性更年期综合征症状

豆类制品中含有丰富的雌激素、维生素E以及大脑和肝脏所必需的磷脂，可延缓女性衰老，改善更年期综合征症状。

豆腐的种类

豆腐是先将黄豆浸泡于清水中，待黄豆泡涨变软后磨成豆浆，然后用盐卤或石膏“点卤”，使豆浆中分散的蛋白质团粒凝聚而成。市场上的豆腐主要有北豆腐、南豆腐、内酯豆腐等几大类。另外，还有一种不以黄豆为原料的无豆豆腐。不同的豆腐，营养有别。

北豆腐

北豆腐又称老豆腐，一般以盐卤（氯化镁）点制，其特点是硬度较大、韧性较强、含水量较低、口感很“粗”，但蛋白质含量最高，宜煎、炸、做馅等。

尽管北豆腐有点苦味，但其镁、钙的含量更高一些，能帮助降低血压和血管紧张度，预防心血管疾病的发生，还有强健骨骼和牙齿的作用。

南豆腐

南豆腐又称嫩豆腐、软豆腐，一般以石膏（硫酸钙）点制，其特点是质地细嫩、富有弹性、含水量大、味甘而鲜，蛋白质含量在5%以上，宜拌、炒、烩、氽、烧及做羹等。

内酯豆腐

内酯豆腐抛弃了老一代用卤水和石膏点制，改用葡萄糖酸内酯作为凝固剂，并添加海藻糖和植物胶保持水分。内酯豆腐虽然质地细腻、口感水嫩，但没有传统的豆腐有营养。这是因为内酯豆腐中的黄豆含量少了，吃起来没有豆腐味；二是传统豆腐中的钙和镁主要来自石膏和卤水，而葡萄糖酸内酯既不含钙也不含镁，因而营养价值下降。

无豆豆腐

现在市场上还有许多其他种类的豆腐，如日本豆腐、杏仁豆腐、奶豆腐、鸡蛋豆腐等。虽然同叫“豆腐”，模样同样水润白嫩，吃起来口感爽滑，但却和豆腐一点关系也没有。因为这些“豆腐食品”的原料中压根就没有黄豆。以日本豆腐为例，其是用鸡蛋制成胶体溶液后凝固制成的“鸡蛋豆腐”。

豆腐怎么吃最健康

豆腐是公认的营养食品，它不但天然健康，还简单易做，是我们的家常菜。豆腐做菜，口味可浓可淡。但是，如果想要更好地吸收豆腐的营养，就要给它找“最好的搭档”。

配点肉，蛋白质好吸收

黄豆有“植物肉”的美誉，是植物性食物中蛋白质较优质的食品，所以用黄豆做成的豆腐，蛋白质含量也较高。不过，豆腐中的蛋白质的含量和比例不是非常合理，也不是特别适合人体消化吸收。如果在吃豆腐的同时加入一些蛋白质质量非常高的食物，就能和豆腐起到互补作用，使豆腐的蛋白质更好地被人体消化吸收。而这些高质量蛋白质的食物，就非肉类和鸡蛋莫属了。因此，肉末烧豆腐、皮蛋拌豆腐等，都能让蛋白质更好地被人体吸收。

加蛋黄、血豆腐，更补钙

虽然豆腐含钙量非常丰富，北豆腐中的钙含量比同量的牛奶中的钙含量还多，但需搭配维生素D含量丰富的食物才能更有效地发挥作用。蛋黄中含有丰富的维生素D，因此鲜美滑嫩的蛋黄豆腐是补钙的绝佳菜肴。动物内脏，如肝脏、血液中的维生素D含量也很高，所以将白豆腐和血豆腐一起做成“红白豆腐”，补钙效果也非常理想。鸡胗、猪肝等动物内脏也对增加豆腐中钙的吸收有很好的作用。

加海带、紫菜，多补碘

豆腐不但能补充营养，还对预防动脉硬化有一定的作用，这是因为豆腐含有皂苷，能防止产生引起动脉硬化的氧化脂质。

但是，皂苷会带来一个麻烦，就是引起体内碘排泄异常，如果长期食用豆腐，可能导致碘缺乏。所以，烹饪豆腐时加点海带、紫菜等含碘丰富的海产品，就两全其美了。

放青菜、木耳，更防病

豆腐虽然营养丰富，但膳食纤维缺乏，单独吃豆腐可能会引起便秘。而青菜和木耳中都含有丰富的膳食纤维，正好能弥补豆腐的这一缺点。

青菜和木耳还含有许多能提高免疫力、预防疾病的抗氧化成分，搭配豆腐食用，防病作用更好。

需要注意的是，菠菜、苋菜等绿叶蔬菜中的草酸含量较高，应先焯一下水，再和豆腐一起烹饪，以免影响豆腐中钙的吸收。

豆腐虽好，不可贪食

豆类制品属于优质蛋白质食品，赖氨酸多、蛋氨酸少，是唯一能代替动物蛋白的植物性食物，对疾病也有一定的食疗作用。但美味不可贪多，要适可而止，长期大量食用豆腐也可能会引发一些问题。

促使痛风发作

豆腐中的嘌呤含量较高，患有嘌呤代谢失常的痛风患者和血尿酸浓度增高的患者最好不要多吃，否则很容易诱发“急性痛风”。尤其是痛风发作期间，应该完全禁食豆类；即使在缓解期中，也要有所限制，每周食用1次豆腐为宜。

引起消化不良

豆腐中含有极为丰富的蛋白质，一次食用过多，不仅阻碍人体对铁的吸收，而且容易使蛋白质消化不良，出现腹胀、腹泻等不适症状。因此，急性和慢性浅表性胃炎患者要忌食豆类制品，以免刺激胃酸分泌，引起胃肠胀气。

导致碘缺乏

制作豆腐的黄豆含有皂苷，会加速体内碘的排泄，长期过量食用豆腐很容易引起碘缺乏，导致碘缺乏病。

增加肾脏负担

豆类中的蛋白质为植物蛋白，在正常情况下，人体内的植物蛋白质经过代谢，最后大部分成为含氮废物，由肾脏排出体外。但如果豆类食品吃得过于频繁，就会导致体内植物蛋白含量过高，产生的含氮废物也随之增加，从而加重肾脏的代谢负担。肾脏排泄废物能力下降的老年人尤其应该控制豆类食品的食用量。一般来说，一周吃2次豆类食品就足够了。

罗勒豆腐

降低血压

材料

罗勒 100 克，豆腐 220 克。

调料

低盐酱油 5 毫升。

做法

1. 罗勒挑取嫩叶，洗净；豆腐洗净，切方块。
2. 起油锅，放入豆腐炸至两面酥黄，捞起沥干。
3. 原锅留少许底油，加入适量水、低盐酱油，转大火煮沸，再转小火煮至水分收干，加入罗勒和豆腐拌匀即可。

双椒豆腐

增进食欲

材料

豆腐 500 克，青椒、红椒各 15 克，花生仁 20 克。

调料

盐、蚝油各适量。

做法

1. 豆腐洗净切片；青椒、红椒切片。
2. 锅放油，将豆腐炸至金黄色；锅留油少许，放青椒、红椒、花生、蚝油爆香，放入盐、水烧开后放豆腐烧 3 分钟。
3. 装碟即可。

浇汁豆腐

补血养颜

材料

豆腐 300 克，虾仁、瘦肉各 50 克，泡发木耳、黄瓜丁、胡萝卜丁、豌豆各 10 克。

调料

咖喱、盐、香菜段各适量。

做法

1. 豆腐、瘦肉洗净切小块；木耳洗净撕小片。
2. 锅放油，放入虾仁、瘦肉、木耳、黄瓜、胡萝卜、豌豆爆炒；放入咖喱和适量水，大火烧开；倒入豆腐，加盐烧 3 分钟。
3. 装碟，放上香菜段点缀即成。

过桥豆腐

降低血脂

材料

豆腐100克，鸡蛋4个，鲜肉末、红椒末各适量。

调料

盐、葱花、料酒、香油各适量。

做法

1. 豆腐洗净切片；鲜肉末加料酒、红椒末腌制2分钟。
2. 将豆腐片在盘中列成一排，铺上鲜肉末。豆腐两边各打2个鸡蛋，入蒸锅蒸15分钟。
3. 锅内倒入少许油，加盐和水，大火烧开后直接淋在盘上。最后淋上香油，撒上葱花即可。

咸菜豆腐

开胃消食

材料

老豆腐1块，咸酸菜75克，红椒丁25克。

调料

豆豉末1汤匙，姜末适量，鲜酱油少许。

做法

1. 咸酸菜洗净，切末，用清水浸15分钟，沥干；老豆腐切四方厚片，放入开水中煮2分钟后捞起，沥干水，排在碟上。
2. 咸酸菜煮2分钟，捞起挤干，排在老豆腐上。
3. 豆豉、姜、红椒丁拌匀放在咸酸菜上蒸7分钟，淋少许油、鲜酱油即成。

葱油豆腐

增强免疫

材料

豆腐400克，洋葱、香菇各200克，青椒块、红椒块各30克。

调料

盐3克，味精1克，酱油5毫升，水淀粉适量。

做法

1. 豆腐洗净切片，下入油锅中稍煎；洋葱洗净切成片；香菇洗净泡发，焯水后切成片。
2. 锅中倒油烧热，倒入洋葱片、青椒、红椒炒香，下入香菇、豆腐翻炒。
3. 放酱油、盐、味精，用水淀粉勾芡，收汁即可。

西红柿豆腐

增强免疫

材料

西红柿 2 个，老豆腐 2 块。

调料

青葱段 5 克，盐、味精各 3 克，生抽 10 毫升。

做法

1. 西红柿洗净，表面打十字花刀，焯水捞出，撕去皮切片；豆腐洗净，切成长条，入油锅煎至两面微焦，捞出沥油。
2. 锅里留少许底油烧热，放入西红柿片炒匀，再倒入豆腐一起炒，加盐、生抽，盖上锅盖，以中火焖 5 分钟，加味精、青葱段炒匀即可。

潮式炸豆腐

降低血压

材料

嫩豆腐 8 块，韭黄 1 克。

调料

蒜蓉、葱白、盐各 5 克，香菜 3 克。

做法

1. 将豆腐切成三角形，用油炸至金黄色。
2. 葱白、香菜、韭黄切成细末，加入蒜蓉、开水、盐，调成盐水。
3. 将炸好的豆腐放入碟中，食用时蘸调好的盐水即可。

麻辣豆腐

降低血糖

材料

豆腐 2 块，洋葱、青葱各 10 克。

调料

干辣椒面 10 克，盐、蒸鱼豉油、花椒面、醋、香油各适量。

做法

1. 豆腐、洋葱、青葱切小块。
2. 将豆腐、洋葱、青葱、干辣椒面、盐、蒸鱼豉油、花椒面、醋放在碟上，拌匀，淋上香油即可。

酸菜烧豆腐 开胃消食

材料

豆腐 200 克，酸菜 50 克。

调料

酱油、白糖、盐、味精、辣椒圈各少许。

做法

1. 豆腐洗净，切大块；酸菜切丁。
2. 锅放油，放豆腐、盐、水、酱油煮开；放入酸菜、白糖、味精继续煮 4 分钟。
3. 撒上辣椒圈即成。

红烧豆腐 降低血脂

材料

豆腐 800 克，上海青 50 克。

调料

豆瓣酱、辣椒酱各 5 克，盐 3 克，鸡精 1 克，酱油 30 毫升。

做法

1. 豆腐用沸水快速烫过后冲冷放凉，再切成长方条状；上海青洗净，切开。
2. 锅中放油，油热后放豆瓣酱、辣椒酱炒匀，锅中加适量水，加盐、鸡精、酱油，水开后倒入豆腐、上海青，大火烧三四分钟即可。

白菜烧豆腐 排毒瘦身

材料

豆腐 500 克，白菜 100 克，辣椒适量。

调料

葱、盐、酱油、味精各适量。

做法

1. 豆腐先用热水过一下；豆腐、白菜切小块；辣椒、葱切段。
2. 锅放油，放入豆腐稍煎；放盐、酱油、白菜、味精，加入水煮 3 分钟。
3. 撒上葱段、辣椒段点缀即可。

肉末豆腐

降低血糖

材料

豆腐 200 克，肉末 50 克，尖椒适量。

调料

盐 3 克，料酒、辣椒油、姜末、香油各适量。

做法

1. 豆腐洗净，切小方块；肉末用少许盐、料酒、姜末腌制片刻；尖椒洗净，切圈。
2. 炒锅加油烧热，炒香尖椒，入肉末煸炒至熟，盛起。炒锅再入油烧热，入豆腐块炸至两面脆黄，加盐、辣椒油，加适量水煮开，加入肉末、尖椒圈，淋香油，拌匀即可。

焖煎豆腐

降低血糖

材料

豆腐 300 克，青蒜、辣椒各 15 克，熟芝麻适量。

调料

盐 3 克，黑胡椒粉、酱油各适量。

做法

1. 豆腐洗净切片；青蒜、辣椒洗净切段。
2. 锅放油，放入豆腐煎至金黄色捞起；锅底留油，放入辣椒爆香；加入酱油、水烧开；倒入豆腐、青蒜烧至汁浓；加入黑胡椒粉翻炒，撒上熟芝麻即可。

皮蛋豆腐

开胃消食

材料

皮蛋 1 个，内酯豆腐 1 盒。

调料

葱花 15 克，盐 4 克，味精 2 克，鸡汤 15 毫升，香油 5 毫升。

做法

1. 内酯豆腐入盘，切块；皮蛋去壳切丁。
2. 皮蛋与所有调味料放入碗中搅匀。
3. 将搅匀的调味料淋在切好的豆腐上，入蒸锅蒸熟即可。

肉泥豆腐

提神健脑

材料

豆腐 300 克，去皮五花肉 100 克。

调料

盐、味精、白糖、淀粉、蚝油、酱油、葱花各适量。

做法

1. 豆腐洗净，切厚块，中间挖凹槽；五花肉剁成泥，加入盐、味精、白糖、干淀粉拌匀；把肉泥酿入豆腐中间。
2. 锅下油，放入酿豆腐煎至金黄；再加上盐、蚝油、酱油和少许水，焖烧 5 分钟；汤汁快收干时，加入水淀粉勾芡，撒上葱花即成。

客家豆腐煲

降低血压

材料

豆腐 500 克，肉末、青豆各 50 克，红椒丁适量。

调料

盐 3 克，淀粉、五香粉、胡椒粉、糖各适量。

做法

1. 豆腐切成小方块，放入沸水中焯一下，沥水待用；肉末用淀粉、少许盐和五香粉拌匀。
2. 起油锅，倒入肉末和青豆划炒片刻，将豆腐放入锅中翻炒，加清水、盐，炖至水快烧干，加糖、淀粉，撒上胡椒粉、红椒丁即可。

农家豆腐

提神健脑

材料

豆腐 350 克，青蒜段、辣椒圈各适量。

调料

盐、鸡精、姜末、老抽、水淀粉、豆瓣酱各适量。

做法

1. 豆腐洗净切片；热锅放油，将豆腐煎至两面金黄，捞起待用。
2. 锅内留少许油，放入辣椒爆香，入豆瓣酱炒香，入豆腐、老抽，炒至上色。加水、盐、鸡精，小火煮约 20 分钟，放入青蒜，炒匀收汁，用水淀粉勾薄芡出锅，淋上香油即成。

西蓝花豆腐

防癌抗癌

材料

豆腐 350 克，西蓝花 20 克，红椒适量。

调料

盐、葱花、虾米辣酱、白糖、料酒各适量。

做法

1. 将豆腐用清水冲洗后，晾干水分，切小块；红椒洗净切片；西蓝花洗净，烫熟。
2. 用油将豆腐块两面煎黄，取出；锅内留少许油，加虾米辣酱、白糖、料酒放入煎好的豆腐，将豆腐翻个面，待酱汁裹住豆腐，装盘撒上葱花，摆上烫熟的西蓝花即可。

千叶豆腐

补脑强心

材料

豆腐 700 克，白果 50 克，叉烧粒、菜心粒、冬菇粒各 10 克，红椒角 5 克。

调料

糖、蒜蓉各 5 克，生抽 5 毫升，盐 3 克。

做法

1. 将豆腐洗净切薄片，摆成圆形，入锅用淡盐水蒸热；白果洗净。
2. 将锅中油烧热，爆香蒜蓉，加入白果、叉烧粒、红椒角、菜心粒、冬菇粒，调入糖、盐、生抽炒匀淋在中间摆盘即可。

泰式炖豆腐

提神健脑

材料

豆腐 500 克，瘦肉 100 克，青辣椒、红辣椒各 10 克，洋葱适量。

调料

香叶、料酒、盐、番茄酱、味精各适量。

做法

1. 豆腐、瘦肉、洋葱洗净切片；青、红辣椒洗净切段。
2. 油锅爆香辣椒、洋葱、番茄酱；倒入瘦肉、料酒翻炒；放入水、香叶烧开；加入豆腐、盐再烧 2 分钟，放入味精调味，即可出锅。

豆腐箱子

降低血脂

材料

豆腐 150 克，青椒、红椒各 5 克。

调料

盐 3 克，酱油 8 毫升，淀粉 10 克。

做法

1. 把豆腐洗净，切成小块，入油锅中煎至表面呈金黄色后，捞出控油，装盘。
2. 将青椒、红椒洗净，切成丁。
3. 炒锅置大火上，放水、盐、酱油、淀粉、青椒丁、红椒丁调汁勾芡，煮至黏稠状，淋在豆腐上即可。

口蘑豆腐

增强免疫

材料

豆腐 500 克，口蘑 100 克，上海青 30 克。

调料

盐 3 克，酱油 20 毫升，姜末、料酒、淀粉、白糖、鸡精各少许。

做法

1. 豆腐洗净切片，口蘑切成小丁，分别用开水烫一下；上海青洗净，烫熟后放入盘中。
2. 热油锅爆香姜末；加水烧开，放入豆腐、口蘑，加上料酒、酱油、盐、白糖、鸡精，小火焖烧 8 分钟，用淀粉勾芡即可。

红白豆腐

防癌抗癌

材料

豆腐、猪血各 150 克，青椒、红椒各 10 克。

调料

酱油适量，白糖适量，盐适量，鸡精适量。

做法

1. 豆腐、猪血用开水焯一下，然后切小块；青椒、红椒洗净切小段。
2. 锅放油，放青椒、红椒爆香，倒入豆腐、猪血略炒，放入酱油、白糖、盐、水煮 5 分钟。
3. 放入鸡精即可。

翡翠豆腐

增强免疫

材料

豆腐800克，虾仁200克，豌豆50克，橙肉块50克。

调料

盐3克，鸡精3克。

做法

1. 豆腐洗净捣成泥；虾仁、豌豆在沸水烫熟。
2. 锅中加水煮沸，放入豆腐泥、盐、鸡精拌匀，炖煮15分钟。
3. 装盘，在豆腐上放入虾仁、豌豆、橙肉，装饰即成。

金银豆腐

增强免疫

材料

嫩豆腐丁200克，咸蛋黄3个，水发香菇丁、火腿丁各20克，鲜笋丁15克。

调料

盐3克，水淀粉25克，胡椒粉1克，番茄酱20克，葱花10克，高汤适量。

做法

1. 鲜笋、水发香菇焯水；咸蛋黄压成蓉。
2. 炒香咸蛋蓉，加番茄酱炒匀，放高汤、笋、香菇、火腿烧沸，加盐、胡椒粉，用水淀粉勾芡，入豆腐烩至入味，撒葱花即成。

蘸水老豆腐

降胆固醇

材料

豆腐800克，小白菜100克，胡萝卜片、熟芝麻各适量。

调料

盐3克，生抽、鸡精、香油、老抽各适量。

做法

1. 豆腐洗净，切小片；小白菜加盐、油煮熟。
2. 锅中入水烧开，入豆腐、胡萝卜片，加盐、鸡精烧10分钟，加香油、小白菜，烧2分钟。
3. 取碗，加入适量生抽、熟芝麻、老抽、香油，拌匀成酱汁佐食。